北京大唐文化出品
www.tangbooks.com

烘焙天堂

巴黎街角的甜品盛宴

〔韩〕吴尹景◎著　吴丽娟◎译

人民日报出版社

图书在版编目（CIP）数据

烘焙天堂：巴黎街角的甜品盛宴 /
(韩)吴尹景著；吴丽娟译．—北京：人民日报出版社，2013.5
ISBN 978-7-5115-1855-2

Ⅰ．①烘… Ⅱ．①吴… ②吴… Ⅲ．①甜食－制作－法国 Ⅳ．①TS972.134

中国版本图书馆CIP数据核字(2013)第112454号

봉주르 파리！

书　　名：烘焙天堂：巴黎街角的甜品盛宴
作　　者：吴尹景
译　　者：吴丽娟

出 版 人：董　伟
责任编辑：周海燕
封面设计：郭小军
版式设计：张　佳

出版发行：人民日报出版社
社　　址：北京金台西路2号
邮政编码：100733
发行热线：（010）65369527　65369846　65369509　65369510
邮购热线：（010）65369530　65363527
编辑热线：（010）65369518
网　　址：www.peopledailypress.com
经　　销：新华书店
印　　刷：北京新华印刷有限公司

开　　本：710mm × 1000mm　1/16
字　　数：300千字
印　　张：18
印　　次：2013年7月第1版　2013年7月第1次印刷

书　　号：ISBN 978-7-5115-1855-2
定　　价：39.80元

序

PROLOGUE

历时 5 个月，我终于将此书稿完成了。在自信满满地签名的时候，我坚信我收获的是别人的两倍。就像即使没有别人的安排也能兴致勃勃地装饰自己的博客似的，我也非常期待经过 6 个月仔细、认真的艰苦劳动之后会获得人们满口称赞。出于私心，这一期待从刚开始就追赶着我。

自始至终我的目标只有一个，就是“编写众人梦想的烘焙书”。当我们无心翻开一本随笔时，也许会因为某句话正合心意而出钱购买。但这是无法亲自品尝其味道的烘焙，所以我在书的形象化方面下了苦功。出于可视化的想法而开始的这一工作，其意义发展为另外一个方向——我选择了介绍最具法国风味的点心，而在讲述其中生活的过程中，也将我 10 余年间所见到、所学习的真正法国在最大程度上毫发无损地包含进去。

男朋友的母亲非常喜欢馅饼且经常烘焙，我父母也想一睹法式馅饼的风采，而我本人则想进一步提升糕点的制作水平，出于这几点原因我决定做这件事。虽然是新鲜出炉的蛋糕，但由于拍摄角度等的问题，很难一下子拍出自己期望的画面，于是又必须进行第二次、第三次的拍摄。有时根据蛋糕配方制作出的蛋糕也会令人失望，还有在法式的 80 多种不同的创意中怎么解决餐具的问题呢？这些回忆中的画面，现在却让我倍感珍惜。

和出版社初次见面也是在两年前的四月里，这期间双方的努力终于修成了正果。在此非常感谢认真管理我博客的工作人员，以及在新食谱更新后给予评论的博友们。还有非常感谢为此付出辛苦努力的出版社编辑部的朋友们和令人感动的权室长。

最后我要感谢守护在我身边的父母、弟弟，和一直支持、相信、激励我的男朋友。希望这本书能成为我深爱的人的最幸福、快乐的“甜点”。

Betchou 吴尹景

目录
Contents

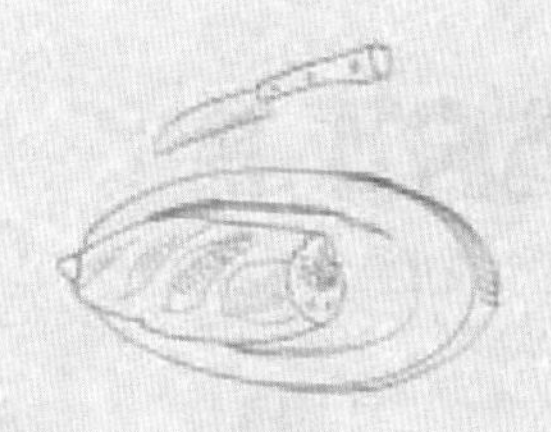

PART 3

午后 4 点，特别的小甜点

PART 4

正统煎饼的甜润故事

PART 5

入口香甜的迷人蛋糕

PART 6

全世界为你倾倒，马卡龙

附录

礼品：蛋糕 & 包装

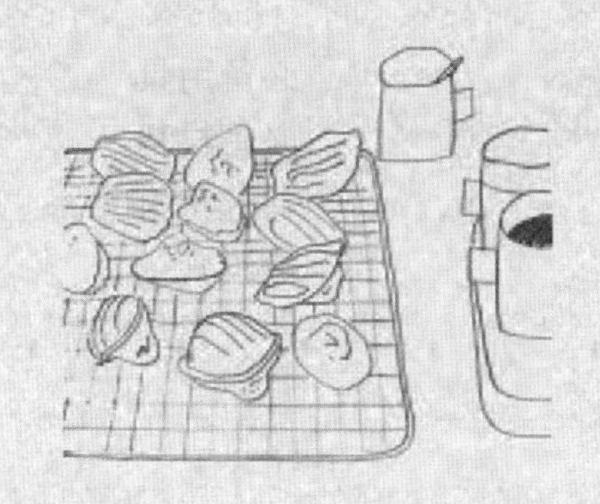

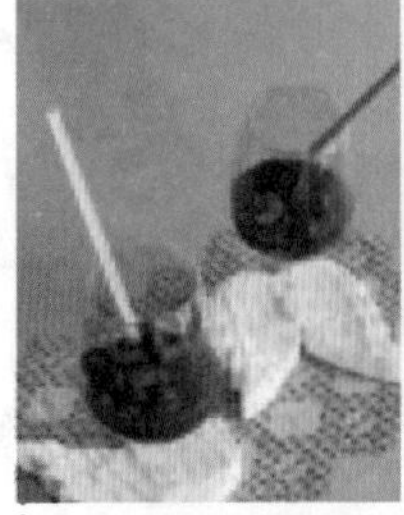

准备工作

必备用具
必备材料
备选材料
模具介绍
调味料、精华饮品

必备用具

1. 电子秤 2. 冷却网 3. 手提式搅拌机（将鸡蛋、黄油、奶油等均匀搅拌时使用）4. 打蛋器 5. 面包机（将少量面粉在短时间内搅拌均匀时使用）6. 面粉筛 7. 擀面杖 8. 抹刀（将奶油均匀涂抹在蛋糕上时使用）9. 容器（盛材料并混合搅拌时使用）10. 蒸馏器（直接用火加热、熔化巧克力，奶油类时使用）11. 刮刀（将面团精确的分割时使用）12. 烤盘（在烤箱里烘烤食物时使用）13. 羊皮纸（垫在烤盘上，用来防止面黏在烤盘上）14. 计量器（计量较多面粉或者液体时使用）15. 量勺 16. 面包刀（有小锯齿，用来切割发酵面包）17. 电子温度计 / 计时器（将巧克力回火、蛋白杏仁饼干和面时用来确定温度）18. 橡皮刮刀（将黏在案板上的面团用橡皮刮刀铲下来）19. 厨房毛刷（倒出面粉、涂抹增亮剂、涂抹黄油时使用）20. 刮刮刀（将装饰巧克力轻轻刮出时使用）21. 转台（将馅饼铺垫在锅的边缘时使用）22. 水果勺子 23. 削皮器

必备材料

1. 低筋粉（制作小酥饼 / 糕点时使用）2. 富强粉（发酵面包 / 制作面包）3. 泡打粉 / 速发粉 4. 盐 5. 鸡蛋 6. 黄雪糖 7. 糖 8. 柠檬汁（可以用柠檬代替）9. 白色巧克力（烘焙用的白色巧克力）10. 黑色巧克力（烘焙用的黑色巧克力，可可粉含量在 60%~70% 以上）11. 板明胶 12. 餐布 / 结霜 13. 无盐奶油 14. 奶油干酪 15. 菲拉德尔斐亚型奶油干酪 16. 鲜牛奶（脂肪含量在 30% 以上）17. 无糖纯酸奶 18. 酸奶油

备选材料

1. 绿茶粉 2. 无糖可可粉 3. 罂粟籽 4. 糖粉 5. 杏仁粉 6. 榛子粉 7. 椰子粉 8. 茶叶（红茶）9. 樱桃果脯 10. 干无花果 11. 干草莓 12. 葡萄干 13. 干西梅 14. 干酸果蔓 15. 菠萝干 16. 杏干 17. 栗子奶油 18. 装饰用的淀粉糖珠 19. 水晶糖 20. 完整的核桃 21. 杏仁 22. 捣碎的杏仁 23. 开心果 24. 装饰用蔗糖 25. 黑色巧克力芯 26. 白色巧克力芯 27. 食醋 28. 八角 29. 桂皮

模具介绍

1. 皱纹磅模具 2. 磅锅 / 面包模具 3. 小型磅模具 4. 三明治模具 5. 金融酱模具 6. 槽纹蛋糕硅模具 7. 槽纹蛋糕铜模具 8. 奶油糕点模具 9. 蛋糕贝壳模具 10. 小型蛋糕贝壳模具 11. 直四角褶皱馅饼模具 12. 圆形褶皱馅饼模具 13. 草莓馅饼模具 14. 圆形馅饼环 15. 北欧式蛋糕模具 16. 四角慕斯圈 17. 圆形慕斯圈 18. 褶皱烹饪切割刀 / 小型切割刀 / 小型三角褶皱切割刀 19. 小烤盘

调味料、精华饮品

1. 金巴利酒 2. 金万利酒（橙子酒）3. 朗姆酒（香蕉酒）4. 樱桃白兰地（樱桃酒）5. 柠檬精华 6. 覆盆子精华 7. 咖啡精华

基本和面方法

面包
馅饼
薄饼
杏仁饼

制作面包的 3 种基本和面方法

01 用手和面

材料（适宜一个面包大小的分量）

富强粉或者法国面粉、盐、糖、干酵母、水或者牛奶、黄油（按照蛋糕配方指定的量）

* 难易度 ★★☆

和面时间 20~25 分钟→发酵时间 60~90 分钟→烘焙时间 20 分钟

* 顺序

面粉类→小槽口 3 个（盐、糖、酵母）→一个盛液体的大槽口（水 / 牛奶）→黄油

1. 将指定分量的富强粉或者法国面粉倒入容器中，并且用手在上面挖出有一定距离的 3 个小槽口。在 3 个小槽口中分别倒入盐、糖、干酵母并搅拌混合。

2. 在混合的面里再挖出一个大槽口倒入水或者牛奶，可以用手和面。

3. 再倒入黄油块并继续揉面（如果蛋糕配方里没有黄油，可以省略该步骤）。

4. 将面揉搓较长时间做出的面包更松软可口。将水和面粉一点点调和，这样和出的面更加松软劲道。像洗衣服似的反复揉搓面团并且将其嘭嘭地捶打，刚开始发软的面经过数次这一过程后会逐渐变劲道。在温度高的地方要揉 15 分钟左右，在温度低的地方要揉 25 分钟左右。面稍微软点也可以，但一定不要粘手。

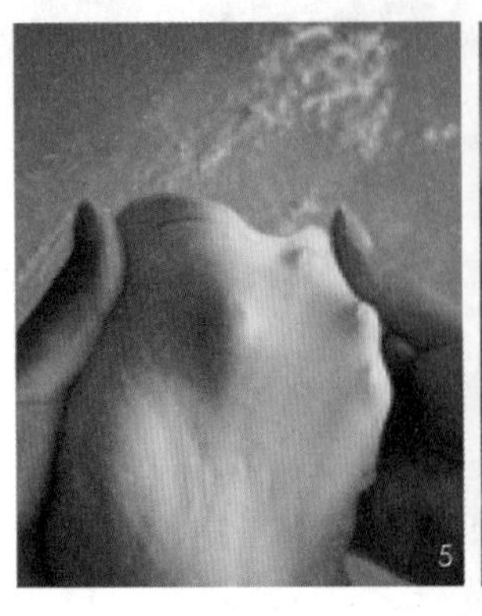

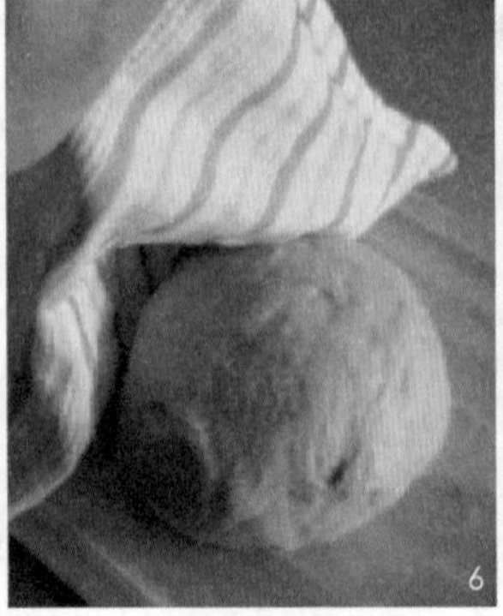

5. 将面用手拽一下，如果面不断且能像气球似的薄薄地抻开即可。

6. 将面团成一团，蒙上保鲜膜或者湿棉布使面团保鲜，并将其放在 30~35℃左右的室温下使其发酵。

7. 面团的体积发酵到原来的 1.5~2 倍大小即可。

02 用面包机和面

材料（适宜一个面包大小的分量）

富强粉或者法国面粉、盐、糖、干酵母、水或者牛奶

* 难易度 ★★☆

和面时间 20~25 分钟→发酵时间 60~90 分钟→烘焙时间 20 分钟

* 顺序

水或者牛奶→干酵母→面粉类→盐、糖→黄油

1. 首先将水或者牛奶倒入面包机里，并依次放入盐、糖、富强粉或者法国面粉还有干酵母。

2. 将面包机调整到和面功能后启动。结束后如果面包机有发酵功能的话立即启动发酵功能，如果没有发酵功能的话将面掏出，并从 01 中的第 6 步开始揉面、发酵。

3. 一次发酵结束，面团的体积发酵至原来的 1.5~2 倍大小即可。

03 多功能机器人和面

材料（适宜一个面包大小的分量）

富强粉或者法国面粉、盐、糖、干酵母、水或者牛奶、黄油（按照蛋糕配方指定的量）

* 难易度 ★★☆

和面时间 15~20 分钟→发酵时间 60~90 分钟→烘焙时间 20 分钟

* 顺序

水或者牛奶→干酵母→面粉类→盐、糖→黄油

1. 首先将水或者牛奶倒入面包机里，依次放入盐、糖、富强粉或者法国面粉还有干酵母。

2. 将面包机调制 4~6 档启动运转 15~20 分钟。

3. 将面用手拽一下，如果面不断的话，将其团成团放入容器中。从 01 中的第 6 步开始揉面。

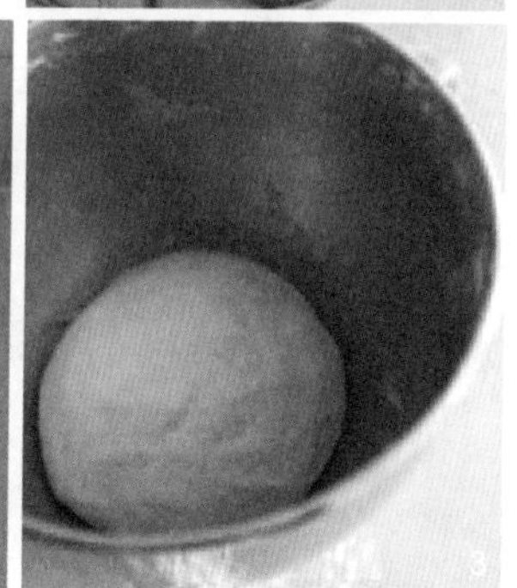

利用海绵酵母发酵

海绵酵母发酵是一种发酵方法而非发酵材料。虽然从结果来看和用干酵母发酵没有多大差异，但是用这种方法发出的面制作出的面包更加美味可口。法国著名的面包师经常使用自己做出的海绵酵母来烘焙基本的面包。在烘焙面包前 12 个小时，将材料按照面包配方指定的量混合，放置到第二天它就会咕嘟咕嘟地冒出气泡，这样就制作出酵母了。有一点需要注意:使用此方法发的面会比其他蛋糕配方发的面软，也就是说，如果用手和面的话会使用更多的面粉和多花费两倍的时间。这一点可以说是法国人制作面包的秘诀。

Betchou 的小提示

* 各顺序要按照指定的时间进行。室温高时发酵时间可以稍微短些，室温低时可以适当延长发酵时间。
* 大部分法式面包需要 12 个小时以上的发酵时间，因为这样面包才能更加美味可口。条件允许的话可以挑选一种和面方法进行一次低温发酵。晚上和好面时将其顶部盖一层保鲜膜放入冰箱里，第二天烘焙时取出即可使用。这时面的体积发酵为原来的 2 倍。
* 第一次发酵如果在夏季室温下，发酵时间为 30~45 分钟；如果在冬季室温下，发酵时间是 50~60 分钟。第二次发酵如果在夏季室温下，发酵时间为 30 分钟；如果在冬季室温下，发酵时间是 45 分钟。在这一时间内如果面不能充分发酵的话，再继续发酵 10 分钟或者将其放在 30 度的加热烤箱里发酵。
* 即使是按照规定的时间烤面包，在放入烤箱 25 分钟后也一定要检查一下温度是否适宜，如果不适合再调节一下温度或者在面包上加一层烹调用的铝箔继续即可。

基础油酥蛋挞皮 基本蛋挞

材料（6~8 人份的蛋挞一张）

低筋粉 250g、无盐黄油 125g、盐少许（少许指的是用拇指和食指所夹的量）、凉水 4 大勺、糖一大勺、除尘粉少许

* 需要提前准备的事项

将黄油切好

* 难易度 ★☆☆

准备时间 15 分钟→冰箱保存时间 1 小时→烘焙时间 10 分钟

1. 用面粉筛筛一下面粉。将筛好的面粉放入大容器里并加入盐、糖，再放入黄油，用刮刀搅拌均匀。

2. 在黄油块变小还没有完全融化且面团松软的时候，挖一个小槽口倒入一些水并且将面揉一揉。

3. 将面放入拉链袋里并将其压平之后放在冰箱里保存 1 小时以上。

4. 将烤箱加热至 180℃。

5. 在案板上撒些面粉，拿出面团放在案板上，然后用擀面杖将其擀成适宜大小。

6. 将面放入模具里并除去多余的部分，用叉子在上面戳一些小孔。

7. 将模具放入烤箱里烤 12 分钟，然后放在冷却网上在室温下冷却即可。

Betchou 的小提示

* 在较高的温度下，黄油会迅速融化。这样面会更易发筋。
* 水应该一点点地倒入，在面中的水不够的情况下再倒入一些水使其发亮。

杏仁面包　杏仁饼蛋挞

材料（6~8 人份的蛋挞一张）

低筋粉 200g、无盐黄油 120g、糖粉 70g、杏仁粉 25g、盐少许（少许指的是用拇指和食指所夹的量）、香子兰粉少许（少许指的是用拇指和食指所夹的量）（可选择）、鸡蛋 1 个、橙子皮一半（可选择）

* 需要提前准备的事项

将鸡蛋、切好的黄油放在室温下

* 难易度 ★☆☆

准备时间 15 分钟→冰箱保存时间 1 小时→烘焙时间 10 分钟

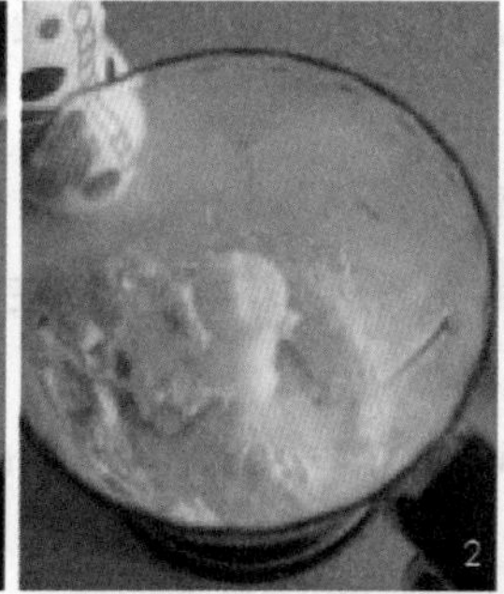

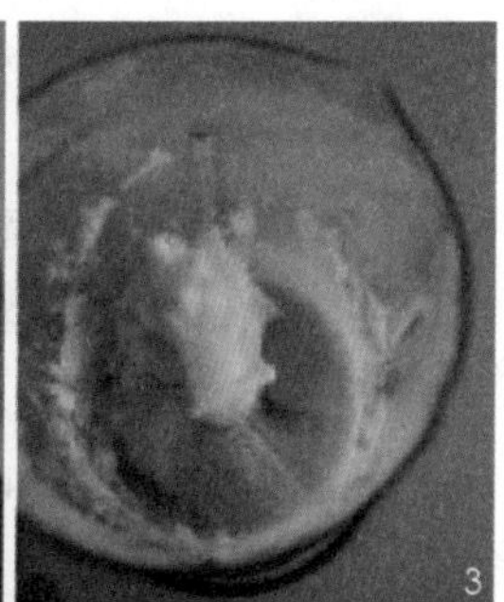

1. 将黄油和香子兰粉放入搅拌器，将其搅拌均匀后制成奶油。如果没有搅拌器，可以将材料放在容器中搅拌混合一下。

2. 放入糖粉搅拌。

3. 放入杏仁粉和鸡蛋搅拌均匀。

4. 再将面粉筛筛过的低筋粉、盐和剩余的材料放入容器并且搅拌均匀。

5. 将其放入拉链袋中压平之后放入冰箱保存 1 小时以上。

6. 将烤箱加热至 180℃。

7. 在案板上撒些面粉，拿出面团放在案板上，用擀面杖擀成适宜大小。

8. 将面放入模具里并除去多余的部分，用叉子在上面戳一些小孔。

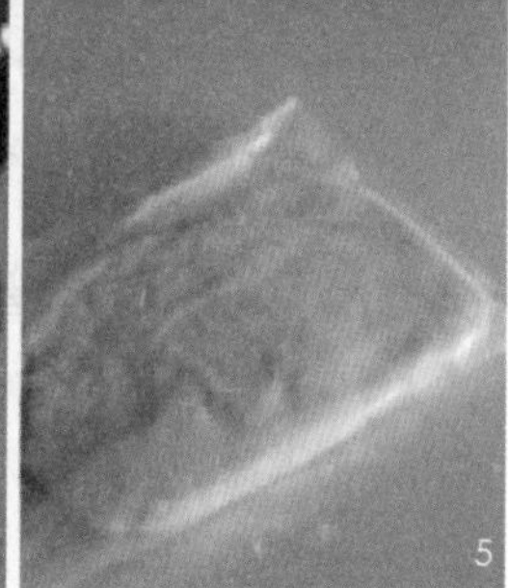

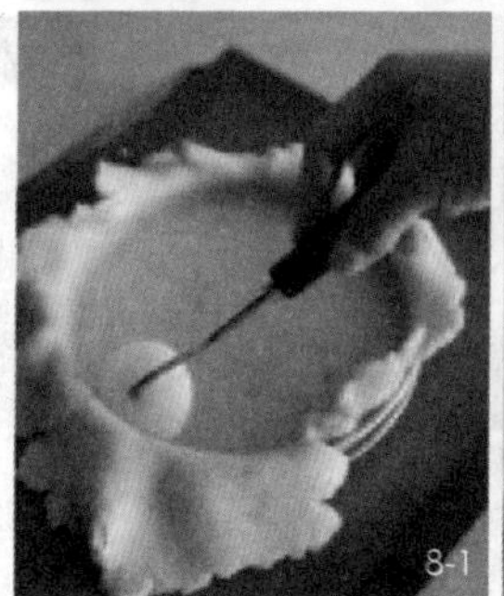

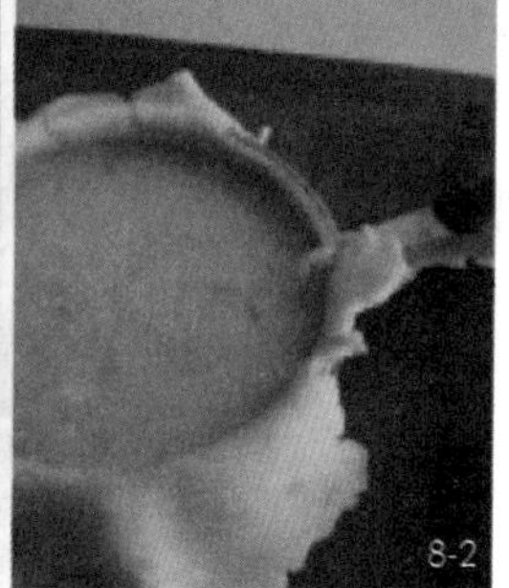

9. 将其放入烤炉里烤 12 分钟，然后放在冷却网上在室温下冷却。

Betchou 的小提示

* 第 6~9 步请参照制作蛋挞皮的方法。

千层糕　馅饼

材料（6~8 人份的馅饼一张）

低筋粉 250g、凉水 120ml、盐 2g、混合黄油（黄油 140g+ 低筋粉 50g）、糖一大勺（可选择）

* 需要提前准备的事项

开始制作前 2 小时将黄油从冰箱中拿出放在室温下融化

* 难易度　★★☆

准备时间 30 分钟→冰箱保存时间 90 分钟（分两次）→烘焙时间 10 分钟

1. 首先制作好混合黄油，在大容器中放入完全熟透的黄油 140g，并放入用面粉筛筛过的低筋粉 50g 搅拌均匀。

2. 将混合黄油制作成扁平的长方体形状，包上保鲜膜放在室温下即可。

3. 在用面粉筛筛过的面粉上挖一小槽口，倒入凉水和面粉。

4. 将案板上撒些面粉，拿出面团放在案板上。然后用擀面杖尽量擀很大的面皮。

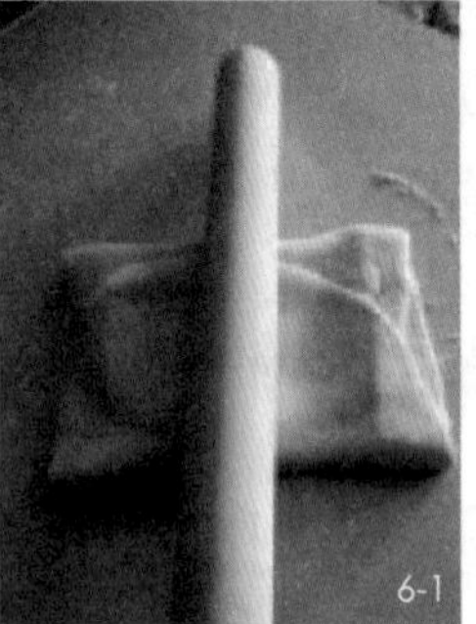

5. 将混合黄油放在擀好的面皮中间。

6. 将面的边边角角折叠到中

间，再用擀面杖擀一擀。

7. 将擀长的面的边边角角再折叠到中间。

8. 将面包包上保鲜膜放入冰箱保存 45 分钟。

9. 重复第 5~7 步。

10. 将烤箱加热到 180℃。

11. 根据用途将其制作成圆形或者四边形的千层糕放入锅中。

12. 将千层糕整齐地排入烤箱里，烘焙 10 分钟，然后放在冷却网上在室温下冷却。

Betchou 的小提示

* 制作馅饼时使用湿气和浓度较低的混合黄油较好。
* 和需要长时间揉面而制作出的面包不同，制作这种馅饼时不要揉太长时间，稍微揉一下即可。
* 第 6~8 步是一种组合步骤，通常该组合步骤要重复 3 遍以上才能完成。

4 种薄饼和面方式

01 基本薄饼和面

材料

荞麦面粉 500g、粗盐 1 大勺、胡椒粉 1 小勺、鸡蛋 1 个、水 1L

1. 把荞麦面粉放入大容器中，并在中间挖一个小槽口。

2. 在小槽口中放入粗盐和胡椒粉，全部搅拌均匀。

3. 稍后倒入鸡蛋和水，用木勺或者打泡器迅速搅拌，只有一边放水，一边搅拌才不会结块，才能打成细软的和面，用保鲜膜包好放入冰箱冷藏 1 小时以上。

02 蜂蜜薄饼和面

材料

荞麦粉 500g、生奶油 40g、鸡蛋 4 个、蜂蜜 2 大勺、水 1L

1. 把荞麦粉放入大容器中，并在中间挖一个小槽口。

2. 在小槽口中放入生奶油、鸡蛋和蜂蜜。

3. 倒入适量的水，用木勺或者打泡器迅速搅拌，请注意不要结块，用保鲜膜包好放入冰箱冷藏 1 小时以上。

03 牛奶薄饼和面

材料

荞麦面粉 500g、粗盐 1 大勺、橄榄油 1 大勺、鸡蛋 1 个、牛奶 500ml、水 500ml

1. 把荞麦面粉放入大容器中，并在中间挖一个小槽口。

2. 在小槽口中放入粗盐、橄榄油和鸡蛋。

3. 一边倒入牛奶和水，一边用木勺或者打泡器迅速搅拌，然后用保鲜膜包好放入冰箱冷藏 1 小时以上。

04 小麦粉薄饼和面

材料

小麦面粉（可用中筋粉）500g、白糖 150g、盐 10g、鸡蛋 4 个、融化的黄油 25g、牛奶 1L

1. 把小麦粉和白糖、盐放入大容器中，搅拌均匀之后在中间挖一个小槽口。

2. 在小槽口中先放入鸡蛋和牛奶 50ml，使用打泡器从小槽口内部扩展到边缘，迅速搅拌，防止结块。当和的面稍硬些时，再放入融化的黄油和牛奶 200ml，继续搅拌。

3. 放入剩余的全部的牛奶，继续和面，然后用保鲜膜包好放入冰箱冷藏 1 小时以上。

Betchou 的小提示

* 除了用小麦粉和的面之外，其他和好的面放入冰箱发酵一个晚上，口感都会更好。
* 当和面太稀或者太硬时，应该根据情况适量增减面粉和水，调成适当的浓度十分重要。
* 小麦粉或蜂蜜薄饼也可以用作餐后甜点。

制作薄饼的两种方法

01 用普通锅烙薄饼

1. 采用 4 种薄饼和面方法之一和好面。
2. 准备直径为 25cm 左右的锅，并用中火预热。
3. 将锅充分加热时涂抹上橄榄油，并舀一勺面倒入锅中。
4. 将锅的一边抬起转一转使面团变成圆形，将其烙熟即可。
5. 用锅铲将其翻过来，使其另一边也烙熟。

02 用专门制作薄饼的锅烙薄饼

1. 采用 4 种薄饼和面方法之一和好面。
2. 将锅充分加热。
3. 在锅充分加热之后，将火调至中火，并将锅内涂抹上橄榄油，舀一勺面倒入锅中。
4. 用刮板（将薄饼铺平的用具）像用圆规画圆似的将面团变成圆形，要迅速地转动刮板才能制作出薄厚均匀的薄饼，然后将薄饼烙熟。
5. 用锅铲将其翻过来，使其另一边也烙熟。

Betchou 的小提示

* 按照分量可以烙出 10~15 张饼。
* 烙熟后的薄饼趁热吃才好吃，但是也可以将所有的饼都烙熟，吃之前再将其加热一下。

3

4

5-1

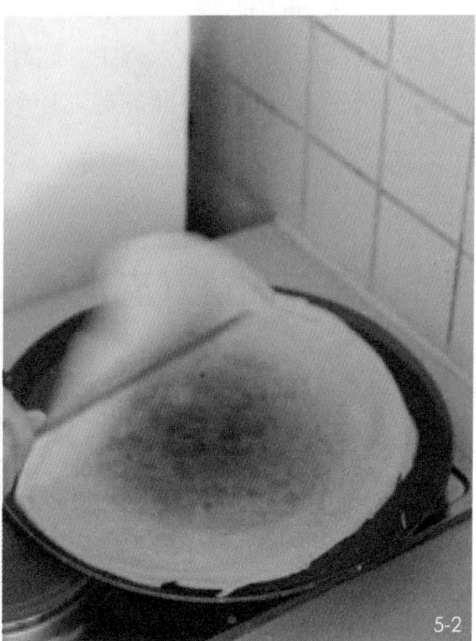
5-2

马卡龙

材料

杏仁粉 150g、糖粉 150g、蛋白 55g ①（加符合配方的食用色素）、白糖 150g、水 37~38g、蛋白 55g ②

材料计量和准备

1. 按照各自烤箱的大小在 OPP 塑料或油纸上用水笔画出直径为 3.5cm 的圆形，使每个圆形的最小间距维持在 2cm。

2. 在一次性裱花袋上装上口径为 1cm 的裱花头。

3. 杏仁粉、糖粉过筛之后筛出细粉，最后剩下的结块有 50g 以上时，用搅拌机磨碎后再次过筛。

4. 将蛋白 55g ①和符合配方的食用色素（包含在材料中时）放入容器中，用手动打泡器大体打一下放入 3 中筛出的细粉，此时不要搅拌，直接放在上面即可。

5. 把白糖和矿泉水放入碗中。

6. 把蛋白 55g ②也放入碗中，此时，使用多功能机器人在相应碗中进行计量，用手动搅拌器放入干净的碗中准备要马上进行的步骤。

马卡龙蛋白甜饼（皮）基本和面方法

7. 制作白糖糖浆。把 5 中的材料放在大火上，使糖浆温度煮制到接近 118℃时为止。此时，如果进入空气就会产生结晶，因此绝对不能搅拌（如果没有温度计，就准备好冰水，糖浆煮 4 分钟之后，滴入几滴冰水，糖浆在水中能马上变成结晶，就说明达到了既定温度；如果散开，就说明温度不够，需要继续煮制）。

8. 在糖浆的温度达到 118℃时，开始搅拌 6 中的材料，同时进行蛋白甜饼和面（如果没有温度计，先煮糖浆，约 3~4 分钟之后开始搅拌）。

9. 当糖浆达到既定温度（118℃）时，顺着已经进行搅拌的蛋白甜饼和面容器的边缘倒入糖浆。

10. 继续搅拌 2~3 分钟，使甜饼和面温度降到 60℃以下，像照片中一样，搅拌到顶部

10
11
12
13
14
15
16
17
18

19　20

柔软程度即可完成。

11. 把 10 中和好的面放入 4 的材料中搅拌。

12. 使用木勺在容器边缘像画圆一样向中间靠拢轻轻搅拌，然后再在中间把和面分开，再像画圆一样搅拌，反复进行。

13. 当和面能像照片中一样不断，并慢慢流下来时即可。

14. 把 1 中的模具铺在面板上，上面放上比模具大一些的羊皮纸，为了不使羊皮纸晃动，在面板的 4 个顶点像描点一样，涂上少量和面，黏上羊皮纸。

15. 把 2 中裱花袋的头部像拧麻花一样拧紧，使得面糊不流出去，挤到裱花头里面，使用长条形容器或者一只手像漏斗一样搭好，盛入和面。

16. 把裱花袋剩下的部分拧好握紧，使和面不能向上溢出，把裱花头尖端部分小心打开。

17. 在 14 上面按照大小挤出和面，如果要使和面不散开，把少量和面从中心部分开始，像蜗牛壳一样挤出来，最后，把裱花头向上完成，把拧好握紧的裱花袋继续拧下去，让面糊和手之间的间距逐渐缩小。

18. 在室温大约 30℃的情况下风干约 30~40 分钟，遵守标准时间，同时也像照片中一样，用手指尖触摸一下，风干到不粘手的程度（马卡龙边缘的花边、褶皱都是通过这个过程来实现，所以要小心而准确地进行）。

19. 烤箱预热至 170~180℃，和面要经过如下模式。

20. 把温度降低到 165~170℃，将风干的和面照原样放入烤箱中烘烤 12 分钟，为了呈现出十分漂亮的颜色，中间要开关烤箱门 2~3 次，防止出现温度过热现象。冷却之后把杏仁夹层饼下面部分从羊皮纸上干净且完整地取下来。

21 22 23

杏仁夹层饼

21. 一天前就要制作出蛋糕配方所要求的奶油（奶油在冷却后的状态下巧克力才不会融化，所以最好在 6 小时之前就将其制作出来）。

22. 将完全冷却的巧克力翻转过来，并将糕点袋的前部封住。把完成的奶油装入糕点袋，并抓住糕点袋的后部。

23. 在一个饼上放上适量的奶油，将另一个饼盖在奶油之上，这样就制作出了杏仁夹层饼。

一些相关的重要提示

＊一定要知道的几点

1. 本书中出现的鸡蛋都是重量为55g的绿色产品。

2. 如果没有特殊说明，蛋糕配方上出现的所有黄油、鸡蛋都是在室温下存放2小时之后才能使用，而鲜牛奶要在冰箱保存。

3. 蛋糕内部或者上面的鲜奶油、酸奶油的脂肪含量要在30%以上。

4. 本书中所有的面粉都是法国生产的绿色有机食品。

5. 如果不使用法国生产的面粉制作出的面包可能会与法式面包味道有偏差。

6. 不是制作糕点而是制作面包时使用的面粉也可以不用面粉筛筛。

7. 如果没有特殊说明，蛋糕配方上出现的糖都是白糖。

8. 在烹饪时经常出现的硅垫也可以用羊皮纸代替。

9. 少许盐中的“少许”指的是用拇指和食指所夹的量。

10. 香子兰粉是将法国塔希提生产的香子兰茎分成两等分并刮出其中的果肉制作而成的。

11. 盛蛋白甜饼的容器一定要检查一下是否有水，如果有水的话就制作不出原汁原味的蛋白甜饼了。

12. 所有的配方标题都看做固有名词使用法式标记法。

＊ 一定要知道的用语

1. 面和稀了时添加的面粉和洒在案板上的面粉都是富强粉。

2. n.m.chocolat是巧克力的法语。

3. 常用巧克力有以下几种：巧克力坚果、白色巧克力、黑色巧克力、白色巧克力、牛奶巧克力。

4. 馏热：如果不是直火、直冷，其他的大部分指的是在开水（冰水）上放一容器使食物加热或者冷却的一种方法。此方法经常在沸点低的材料上使用，如鸡蛋、巧克力、奶油等。

5. glaçage：在法语中指“像镜子一样”，指的是和琼脂相似，主要是拍打水果表面时出现的一种发亮的物质。

6. 盖朗德，是指法国布罗塔尼生产的一种晒盐，是制作糕点时的必备材料。

7. 橙子皮，指除去里层纤维质（白色部分）之外的部分。

8. 熬糖水是针对水分含量高而难以立即使用时的水果。

9. 烹饪指制作食物时的行动。

10. 烤盘，耐热用具。

11. 竹签检验，制作蛋糕时使用的方法，用竹签或者叉子插面检查食物是否熟的方法，如果上面不黏面即表示食物熟了。

12. 格鲁耶尔干酪，它与市场上销售的披萨饼、奶酪相比，脂肪含量低，一般是四角形或者为了方便将其切割销售。

13. 3 步骤是制作西式糕点和面时经常使用的技术方法。

14. 淀粉，与玉米面、面粉相比细滑很多、黏性大。

15. 粉状 / 半状 / 完整状态，描述坚果状态时使用。

16. 杏仁奶油、栗子奶油，法国特产的栗子与韩国栗子相比，其内部是咖啡色而且别具风味。

17. 杏仁栗子糖霜，是法国特产的栗子用手剥皮，将其和法国特有的糖一起利用覆膜技巧制作而成，它每颗 1~5 欧元，因此在法国购买也很贵。

18. 洛蒂，是一种将制作有关料理使用的汁涂在料理上，放入烤炉里进行烘焙的一种方法，与果脯利用火的方法不同，制作出的东西不是很坚硬。

19. coque 在法语中指皮，去除鸡蛋皮，剥掉杏仁皮时使用的用语。

20. 伽纳彻，主要指改变巧克力状态而制成的奶油或者填充物品。

21. 菜泥，将蔬菜或者水果研磨之后的状态。

22. 菜汁，指提取菜泥的汁和糖一起熬出的东西。

* 经常出现且特别重要的东西

巧克力回火是什么？

巧克力回火是指将制作点心专用的巧克力用蒸馏器熔化成液体的过程。如果不经过这一制作过程，巧克力倒入模具的时候会不易分离。

材料：可可粉含量为 60% 以上的巧克力坚果

必需用具：厨房温度计

提前准备：热水蒸馏器皿、凉水蒸馏器皿

巧克力熔点：巧克力的熔点不超过 50~51℃，蒸馏器皿的里外有温差且和蒸馏器皿分离也会产生热气，所以当温度超过 45℃时要留心观察。

原子结成点：在适当的温度下能加快冰蒸馏或者用勺子搅一搅使温度降至 27~28℃。只用冰水蒸馏时，巧克力外部温度会迅速下降，然而巧克力的内部温度变化不大，所以初学者最好在室温下用饭勺搅一搅降温。

制作的最佳点：将温度计调至 30~32℃，到达这一温度可以顺利进入下一步。这一温度是处理巧克力的最佳温度，而且也可以预防成型的巧克力熔化。

令人心潮澎湃的糕点私语

法语中将烘焙称作“PATISSERIE”。因为法式糕点并不是特别冗繁复杂，只是更加别具风味而已。

麦片果酱饼干

材料

（直径 6cm，10 个的量）

无盐黄油 45g、黄雪糖 40g、鸡蛋半个、燕麦片粉 60g、低筋粉 25g、速发粉 3g、瓜子 10g、松脆的沙拉 10g（可选择）、果酱少许、除尘粉适量

提前准备的事项

将燕麦片粉、低筋粉用面粉筛筛好

难易度 ★☆☆

准备时间大约 15 分钟→保存在冰箱时间 30 分钟以上→烘烘焙时间 12 分钟

1. 将放在室温下的黄油用手提式搅拌机搅一搅，然后放上黄雪糖搅拌后使混合物变得顺滑。

2. 将打好的鸡蛋一点点倒入混合物中搅拌均匀。再依次放入筛好的面粉和瓜子、松脆的沙拉，并用橡胶饭勺搅拌混合即可完成。

3. 将面粉洒在案板上，放上搅拌均匀的面。用擀面杖擀为 5~7mm 的厚度，按原样放在冰箱里冷藏 30 分钟以上。

4. 将烤箱加热至 180℃，在烤盘里铺上羊皮纸。

5. 用皱纹切割刀将面切割一下后放在烤盘里，其中一半的中央部分再用小型切割刀切割一下。

6. 放入烤箱 10~12 分钟之后拿出冷却。在没有洞的小酥饼上面涂上果酱，诱人可口的精美小酥饼就制作完成了。

Betchou 的小提示

* 忙碌的工作生活中，清晨空腹上班的现象在法国也很普遍。如果有提前准备好的酥饼就好了。用燕麦片面粉制作的健康小酥饼再搭配一杯牛奶的话，能让你有充沛的精神开始一天的工作生活。如果不喜欢在酥饼上放果酱的话，可以在和面时添加 10g 左右的糖调味。

双层巧克力酥饼

材料

（36个的量）

无盐黄油125g、盐少许、香子兰茎一根、糖260g、鸡蛋一个、低筋粉180g、速发粉5g、可可粉35g、榛子粉一大勺、葡萄干70g、黑色巧克力70g、白色巧克力70g、装饰用的核桃10~15g

提前准备的事项

将香子兰茎分割并取出里面的果脯

用面粉筛筛一下低筋粉、速发粉、可可粉、榛子粉

打好鸡蛋后备用

难易度 ★☆☆

准备时间15分钟左右→烘焙时间10分钟左右

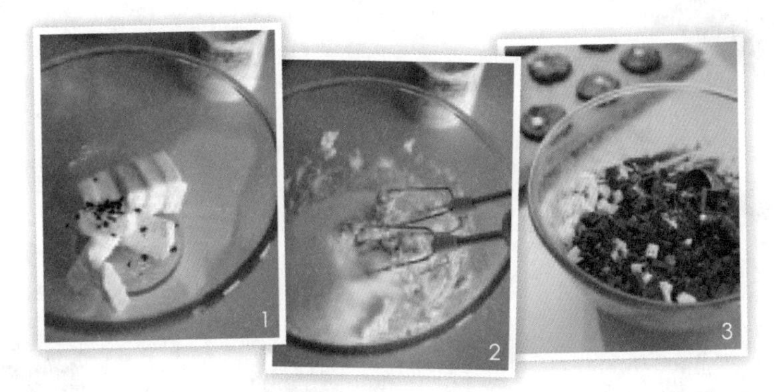

1. 将室温下的黄油放入容器里，再放入盐、香子兰茎，并用手提式搅拌机混合搅拌均匀，制作出奶油状的混合物。

2. 再放入糖和鸡蛋搅拌均匀，之后放入筛好的面粉将其搅拌均匀。

3. 依次放入黑色巧克力、白色巧克力、核桃并用橡胶勺子搅拌混合均匀，再放入葡萄干搅拌均匀（可以用其他干水果代替葡萄干）。

4. 将烤箱预热到180℃，在烤箱里铺上羊皮纸。

5. 慢慢拿出步骤3中的混合物揉捏为圆形，再将其压成6cm左右大小，然后放入烤盘里，间隔3cm左右。

6. 将其上面装饰上黑、白色巧克力和核桃并且烘焙10分钟，然后放在冷却网上冷却即可。

Betchou的小提示

* 小酥饼放入烤盘时最好间隔2cm。
* 多烤1~2分钟味道更加美味可口。
* 最好冷却后即食，如果条件不允许，可以将其放在塑料袋中，保存在冰箱里，这样可以保存2周左右。

杏仁曲奇饼

材料

(长 90cm，20 个的分量)

无盐黄油 30g、黄雪糖 90g、鸡蛋一半、香子兰茎一根、低筋粉 180g、速发粉 3g、糯米粉一小勺、杏仁 70g、干无花果 20g、干酸果蔓 10g

提前准备的事项

将香子兰茎分割并取出里面的果脯

用面粉筛筛好低筋粉、速发粉、糯米粉

难易度 ★☆☆

准备大约时间 15 分钟→一次烘焙时间大约 40~45 分钟→二次烘焙时间 10~15 分钟

1. 将烤箱里铺上羊皮纸且将烤箱预热至 160℃。

2. 将黄油和香子兰茎果脯用手提式搅拌机搅拌一下，再加入筛好的面粉搅拌均匀。

3. 放入杏仁、干无花果、干酸果蔓并用橡皮勺子搅拌混合。注意不要把水果凝聚成一块。

4. 将面分成两部分并将其制作成半月状，放入烤炉。

5. 将杏仁曲奇饼烘焙 40~45 分钟之后放在冷却网上冷却。因为曲奇饼在温热时切割易碎，所以要将其完全冷却再切割。

6. 将烤箱预热至 180℃。

7. 将曲奇饼切为 1cm 的厚度，并放入烤箱里。

8. 在 180℃的烤炉里烤 8 分钟左右，之后在冷却网上冷却即可。

Betchou 的小提示

* 在和面时放入糯米粉或淀粉，可以防止杏仁曲奇饼碎裂。
* 可以不放入晒干的水果。
* 烤好的曲奇杏仁饼在完全冷却之后才能用刀慢慢切开，初学者用面包刀切割会更方便。

5月，6月，7月……又一个5月，5月，5月

一年之中，巴黎有8个月是灰色的，这并不是因为天气寒冷。与天气寒冷相比更厉害的是从深秋就开始笼罩在身边的阴森森的湿气和低压压的云，实在很难看到太阳。然而，从5月初开始凉意会一直持续到夏天。7月的巴黎最美丽，5~9月的巴黎也是花团锦簇的。在不断变化的天气中，只是想想闲暇的日光浴也是一件美事，因为太阳照射的时间太短且冬季太长。无论是阴天、下雨还是下冰雹，5月的巴黎对我们来说不仅是接受祝福的圣地，还是人间天堂。

在5月的最后一周里，连续两天举行的庆典（水的庆典）是塞纳河及其下游分支马恩河流经的许多城市的庆典。本次庆典以“虽然时时刻刻强调但仍然力度不够的环境保护”为警语。说此次庆典是给去年整个冬天被困的巴黎居民胸口一枪的庆典一点也不为过，而且这也是招待外来的亲朋好友午餐并一起散步的好机会。

在塞纳河和马恩河上漂着数不胜数的驳船（相当于快艇大小）和游艇。在上面可以举办大大小小的话剧、

公演，且那里人山人海热闹非凡。在那里汇集了推着童车的夫妇、紧紧牵着手的老年夫妇、穿比基尼的年轻人，而且还有受邀参加的外籍环保人士等。他们在那里举行了以“河流、自然、天空、风”为主题的文化交流活动。即使在日常生活中面无表情的人在今天也笑容满面。

空气中漂荡着浓浓的烧烤味，有出来郊游的人们，也有悠闲徘徊的天鹅和鸭子，这景象其乐融融非常和谐。在这号召“忘掉划艇，体验水和自然”的日子里，我和男朋友以及未来公婆也在人群里徜徉。因为这是难得出来一次的郊游，所以我准备了意大利面、沙拉、草莓、甜瓜，还有亲手制作的紫菜包饭。之前从未来公婆那里学习了如何玩纸牌，此次也准备了纸牌。我和公公一组、男友和婆婆一组，我们兴致勃勃的玩着纸牌游戏。虽然未来公婆非常相爱，但在玩游戏时也经常争得脸红脖子粗。

那天，我也和奶奶交谈了很多，并询问了奶奶去年送给她的礼物是否合身。啊！阳光充足、微风拂面的感觉真好，让我开始怀疑巴黎还会有灰色的日子吗?

布列塔尼酥饼

材料

（直径 5cm，20 个的分量）

低筋粉 125g、速发粉 3g、黄雪糖 75g、无盐黄油 35g、法国特产晒盐少许、打好的鸡蛋半个、牛奶 1 大勺、鸡蛋水（蛋黄一个、水 2 小勺）少许、适量面粉

提前准备的事项

将低筋粉、速发粉用面粉筛筛好

将无盐黄油切为六角形

难易度 ★☆☆

准备时间大约 15 分钟→在冰箱冷藏时间一小时以上→烘焙时间大约 15 分钟

1. 将筛好的面粉和糖、晒盐放入容器里并用勺子搅拌均匀（可以用一般盐代替晒盐）。

2. 依次放入准备好的黄油、鸡蛋、牛奶并用刮刀搅拌，然后撒上除尘粉再搅拌一下。

3. 将其团成团并用擀面杖擀平之后装入拉链袋，并放入冰箱冷藏一小时（倒入牛奶可以使其变稀）。

4. 将烤箱里铺上羊皮纸且将烤箱预热至 160℃。

5. 将步骤 3 中的面用擀面杖擀为 5cm 的厚度并用圆形切割刀切割一下，放入烤箱。如果没有切割刀可以用杯子代替。

6. 将叉子放平，在面饼上压出花纹，然后涂上鸡蛋。

7. 将其放在烤盘里烤 10~15 分钟，直到酥饼变成金黄即可。

Betchou 的小提示

* 面要和得弹性十足且表面光滑，若面还粘手则制作出的酥饼味道不香，所以一定要用刮刀均匀和一和面。
* 布列塔尼酥饼是法国布列塔尼的特产，用黄油和晒盐调出的味道美味可口。

水果脆皮饼

材料

（长 10cm，8 个的分量）

低筋粉 125g、黄雪糖 45g、柠檬半个、有盐黄油 100g、干草莓或者干酸果蔓 25g、柠檬果脯 10g、水 10g、糖 20g

提前准备的事项

用面粉筛筛好低筋粉

制作好柠檬皮和柠檬汁

难易度 ★☆☆

准备时间大约 15 分钟→烘焙时间大约 40~50 分钟

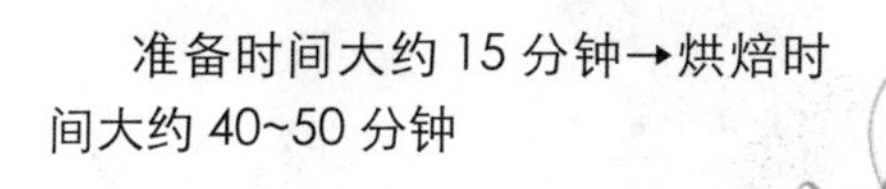

1. 首先制作出柠檬果脯放在筛子上（参照 35 页）。

2. 将烤箱预热至 160 ℃，在长为 12cm 的四角杯里铺上羊皮纸。

3. 将室温下的有盐黄油放入装有低筋粉的容器里，一点点地放上糖并用手提式搅拌机搅拌一下。

4. 依次放入柠檬汁、柠檬果脯、干草莓或者干酸果蔓、葡萄干搅拌均匀。

5. 在四角杯里盛入 1.5cm 高的步骤 3 的混合物，用沾了水的筷子或者勺子将顶部抹平整。

6. 将四角杯放入烤盘里烘焙 40~50 分钟，然后冷却切成适宜大小。

Betchou 的小提示

* 柠檬汁是用柠檬皮制作而成，将柠檬皮里面的白色部分捣碎之后放入糖水，像熬粥似的煮一下即可完成。
* 如果面发酵到 1.5cm 的高度的话要再烤一遍。
* 将其切成适宜大小，并一个一个的包装一下。在繁忙的早晨，只要拿出就可以吃了，非常方便，而且也可以将其作为礼物送给朋友。

奶油泡芙

材料

（直径 3~4cm，50~65 个的分量）

牛奶 120ml、水 120ml、无盐黄油 100g、糖一小勺、盐少许、低筋粉 150g、鸡蛋三个半、水少许、装饰用的糖（透明糖）50g

提前准备的事项

用面粉筛筛好低筋粉

将黄油切成六角形

将糕点袋塞上直径 1cm 的圆形籽实

难易度 ★☆☆

准备时间 30 分钟→烘焙时间 15~20 分钟

1. 将牛奶、水、黄油、糖、盐放入锅里用中火加热，并用橡胶勺子搅拌一下慢慢的使它们融化。

2. 步骤 1 中的材料都融化后将锅端下来。放入筛好的低筋粉搅成一锅粥。为了防止面粉凝聚成一团要持续搅拌。

3. 将其用微火加热搅拌 2~3 分钟。

4. 将鸡蛋一个一个地放入并用打蛋器搅拌均匀。

5. 在烤箱里铺上羊皮纸且将烤箱预热至 180℃。

6. 将步骤 4 中的面装入塞有籽实的糕点袋里。在羊皮纸上将面做直径为 3cm 的圆形模样。

7. 用沾了水的厨房笔刷涂抹圆形顶部，然后洒上装饰用的糖并用手轻轻压一压。

8. 将烤箱温度降低到 150℃。将步骤 7 中的面放入烤箱并烘焙 15~20 分钟，然后放在冷却网上冷却即可。

Betchou 的小提示

* 烘焙奶油泡芙时的最后 3 分钟要将烤炉门打开一下降低温度后再继续烘焙。
* 将烤好的奶油泡芙用羊皮纸或者小箱子包装一下，便于携带且能保持原味。

Cafés
Verlet
Thés

伟烈咖啡馆

有时我想让时间停止然后进行穿越旅行。但是时光穿梭机太难制作，所以无法成行。可是还是非常想放下所有的一切充分地休息一天。

发现伟烈咖啡馆的那天，天空湛蓝、烈日炎炎，在这炎炎的夏日里好像有失去自我的感觉。于是进入了咖啡馆。进入咖啡馆的瞬间，时间好像静止了。因为它一直保持着 20 世纪初开业的模样，仿佛将历史封存了，所以号召力特别大。

相较奥地利、缅甸等咖啡强国的咖啡原豆，伟烈咖啡馆的咖啡原豆也特别有名。

遍布世界各个角落的咖啡馆难道只是因为像 Duchossoy 一样拥有完美的笑脸才有名吗？抱着书走进来的小姐，投给其他客人的温和视线，三五成群的人一起讨论着深奥的问题，年轻的客人都从容不迫。我想，能停下来享受静止的时光才是人们选择这里的理由。

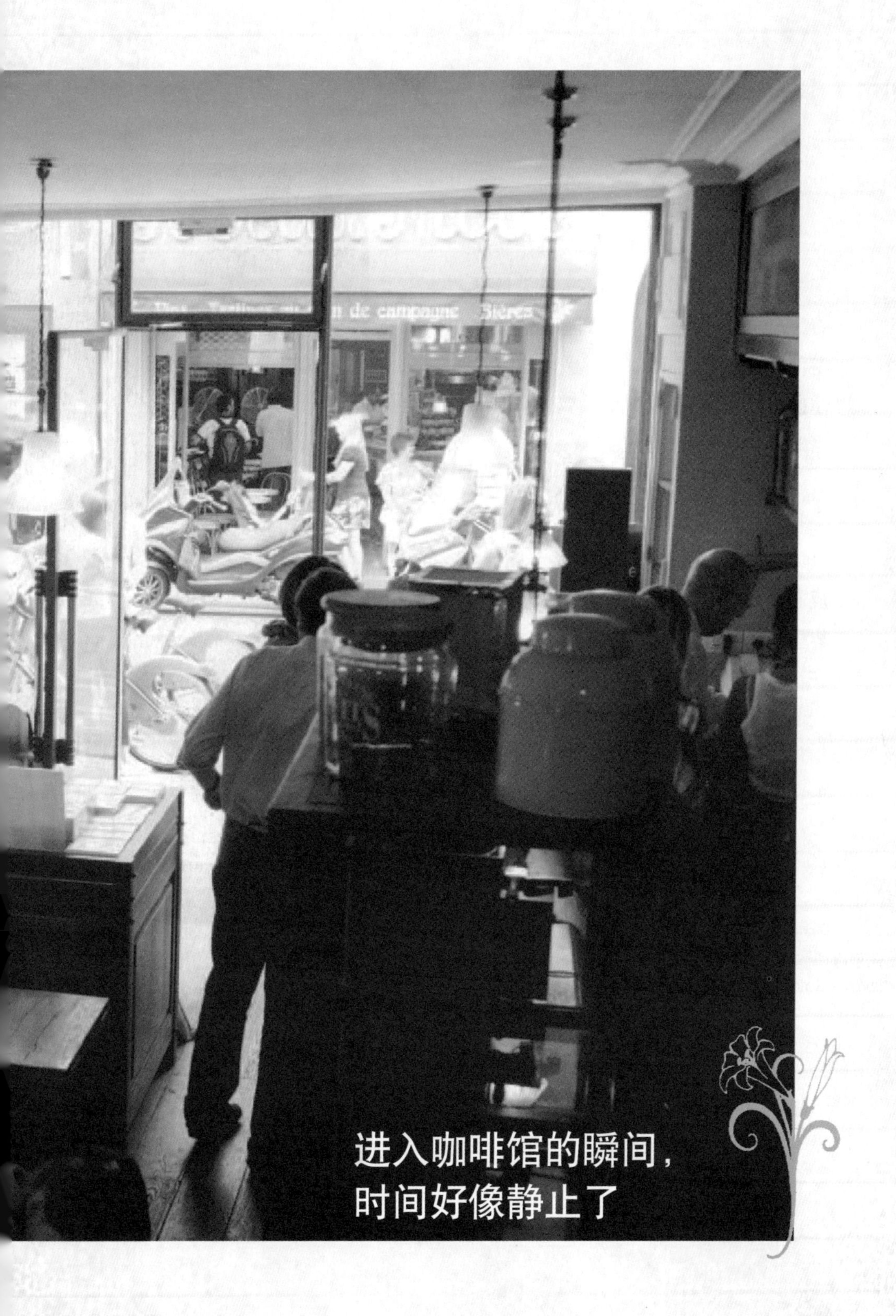

进入咖啡馆的瞬间，
时间好像静止了

走到2楼，停止的时间又开始转动了。坐在拱形窗户旁边的客人悠闲地聊着天。如果说法国是一个拥有爱丽丝梦游仙境的奇异的国家，那么爱丽丝就是掌握着我们时间的指南针。仅仅只是古老的咖啡馆就能这样神秘吗?

找到座位的我也点了咖啡。菜单上推荐了牙买加蓝山等30余种咖啡，其中以最具异国情调的咖啡最受瞩目。反正不管喝什么，都好像是在童话世界里。想象自己正值青春敏感的18岁，在这一时节里和一帮好友悠闲地坐在一起，无所顾忌地聊着天，重新感受着信任的气氛。而7月凉爽的秋风和绿绿的山林中充满了浓浓的咖啡香味……

伟烈咖啡馆
256 rue Saint-Honore Paris 一区

佛罗伦萨酥饼

材料

（直径5cm，25~30个的分量）

橙子皮55g、捣好的干水果（菠萝、番木瓜）各55g、椰子粉75g、燕麦片60g、干果类（澳洲坚果、开心果）各30g、橙汁两大勺、炼乳180ml、白色巧克力70g、黑色巧克力70g

提前准备的事项

橙汁可以用橘子汁代替

要将燕麦片细细的研磨

将澳洲坚果、开心果捣得稍微粗一点

难易度 ★☆☆

准备时间大约20分钟→烘焙时间大约12分钟

1. 将烤箱里铺上羊皮纸且将烤箱预热至180℃。
2. 将橙子果脯和干水果都放入大容器里混合搅拌。然后再依次放入椰子粉、细细研磨过的燕麦片和干水果，并将它们搅拌均匀。
3. 再依次放入橙汁和炼乳并搅拌均匀。
4. 在羊皮纸上一个一个地放上一勺子量的面并压平，而且使它们每个间隔3cm左右。
5. 将它们烘焙12~15分钟。
6. 将烘焙好的小酥饼放在冷却网上冷却，并将白、黑色巧克力层分别蒸馏一下。
7. 将蒸馏后的巧克力弄在小酥饼的底部，并翻过来晾一下，且用叉子压上水纹。

Betchou的小提示

* 如果要保存一个星期以上，可以装入塑料袋里，再放入冰箱冷冻保存。

黑貂糖果软心饼

材料

（直径 5cm，24 个的分量）

专门制作黑貂糖果的低筋粉 150g、凉的去盐黄油 90g、黄雪糖 50g

糖果酱材料：无盐黄油 30g、炼乳 400g、板血清 2 大勺、黑巧克力层 100g

提前准备的事项

先和好面放在冰箱里保存

难易度 ★★☆

准备时间大约 25 分钟→烘焙时间大约 12~15 分钟

1. 将烤箱加热到 180℃，在制作松饼或者馅饼时使用的煎锅（直径 4~5cm，12 区）里层涂抹上黄油。

2. 将案板上撒上面粉之后放上面团，将面团用擀面杖擀为 3mm 的厚度。

3. 将擀面杖擀好的面用圆形切割刀切割一下之后放在松饼模具里，把多余的面弄掉使之和模具相称。再用叉子戳一两回底部，然后将黑貂糖果面包放在烤炉里烘焙 10 分钟。

4. 将除去黑色巧克力以外的所有糖果酱材料都放在锅里，并且用中火煮一煮。糖果酱开始沸腾时为防止煮焦了，要一边搅拌一边煮，等到糖果酱稠一点的时候将火关掉。

5. 将烘焙好的黑貂糖果面饼放在模具里冷却，并且将步骤 4 中的糖果酱的 80% 倒在面包上，并且在相同的温度下烘焙 3 分钟。

6. 将面饼和模具分离，并且放在冷却网上冷却。

7. 将黑色巧克力层蒸馏一下使其熔化，然后倒在面饼上，使其像覆盖一层膜似的，最后将其放在冰箱里冷藏一小时左右即可。

Betchou 的小提示

* 倒上糖果酱继续烘焙 3 分钟后，面包和糖果酱会凝聚在一起。所以，当糖果酱完全咕嘟咕嘟冒气泡的时候应立即将其倒出来。
* 与其他小酥饼相比，黑貂糖果软心饼会需要花费很长时间，但是这是值得的。
* 将黑貂糖果软心饼一个一个的包装一下可以作为礼物送给朋友。

酥皮坚果

材料

材料（直径 3cm，20 个的分量）

鸡蛋蛋白 2 个、糖 85g、糖粉 70g、核桃 110g、花生酱少许

提前准备的事项

将核桃捣的稍微粗一些

将糕点袋塞上直径 1cm 的圆形籽实

难易度 ★☆☆

准备时间大约 20 分钟→烘焙时间大约为两个半小时到三个小时

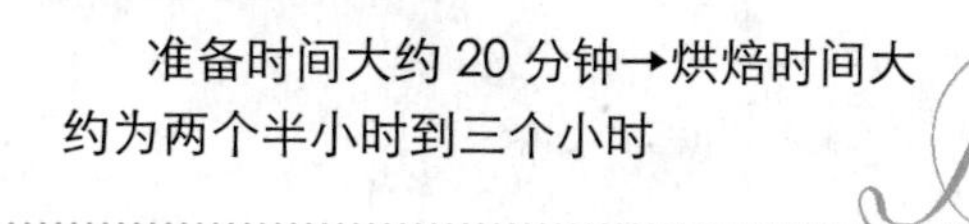

1. 将烤箱里铺上羊皮纸且将烤箱预热至 180℃。

2. 将捣好的核桃和糖粉混合之后倒在羊皮纸上，烘焙 8~10 分钟。

3. 将步骤 2 中烘焙好的材料放在粉碎机里将其研磨为原先体积的一半。

4. 将蛋白放在干净的容器里并用打蛋器打一下，将糖分两次放入蛋白里继续搅拌，并且将其尾部轻轻弯曲一下制作蛋白甜饼。

5. 将步骤 3 中制作的材料分 2~3 次放入且继续搅拌混合。这期间不能让气泡消失，并且将烤箱重新预热到 90℃。

6. 将步骤 5 中和好的面放入糕点袋里，在铺着羊皮纸的烤盘上将其切为直径为 3cm 大小。

7. 放在烤箱里烘焙两个半小时到三个小时之后放在冷却网上冷却即可。

Betchou 的小提示

* 烘焙核桃和糖粉的过程中应将烤盘端出来并左右摇晃一下，使核桃和糖粉混合再继续烘焙。
* 在烤蛋白甜饼的时候会出现气泡，要注意气泡会爆裂。
* 将糕点袋竖起来并将其向上提一下可以制作出好看的外形。

核桃蝴蝶酥曲奇

材料

（大小 5cm×3cm，25 个）

面片一张（20cm×15cm），参考基本和面（参考 24 页）

核桃馅料 核桃 50g、黄糖 50g、香草糖 5g、盐若干、蛋白 10g、牛奶 1 大勺、肉桂粉二分之一小勺

提前准备的事项

首先做好面片进行冷藏保存

难易度 ★☆☆

准备约 15 分钟→冷藏保存 15~20 分钟→烘焙约 10 分钟

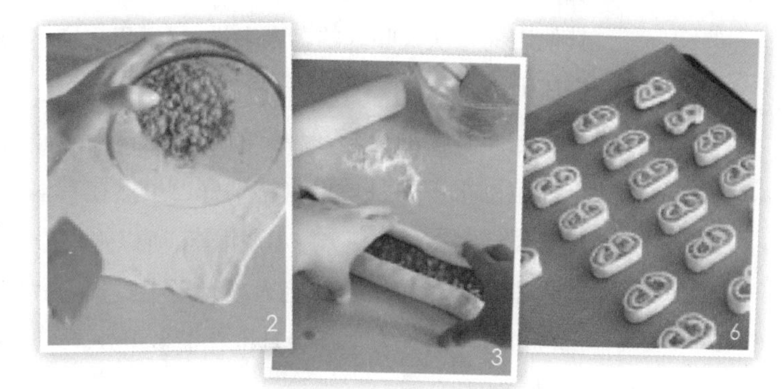

1. 把蛋白放入容器中，用打泡器搅拌，打开结块，之后把盐、黄糖、香草糖、核桃、肉桂粉按顺序放入搅拌（可以用香草粉 1 小勺来代替香草糖）。

2. 把冷藏保存的面片拿出用擀面杖擀成 3mm 厚度的面片，之后把 1 中的核桃馅料薄薄铺上一层，在室温比较高的时候，要快速进行，防止馅料散开。

3. 把面片从两头向中间方向卷上，在连接的地方抹上牛奶黏住，用面片包裹住馅料。

4. 用保鲜膜裹好后，冷藏保存 15~20 分钟。

5. 把烤箱预热 180℃，在烤箱面板上铺上羊皮纸。

6. 把 4 中的面拿出，剥掉保鲜膜之后，切成 7~8mm 厚度，放在板上烘焙 10 分钟左右后冷却即可。

Betchou 的小提示

* 如果核桃馅料搅拌得太稀，即使放在面上也会流到外面来，很难进行下一步骤。
* 如果馅料太稀，就稍微放入些打碎的的核桃之后再搅拌。

梅森世界 Maison du Monde

“世界之家”里似乎包含了世界4大洋7大洲的所有装饰形态。简单地说，就是从装饰用品到厨房用品等应有尽有。目前装饰用品价格很昂贵，价格压力比预想的要重很多，对于进去其他店铺一次被吓到的客人来说，“世界之家”减轻了他们的价格压力。

里面丰富的色彩、独特的外形、各种型号的物品，使人们选择范围很广而且质量也特别好。虽然在其他地方也相同，但是这里经常在2月和7月定期甩卖，所以销售量会比平时多2倍。如果不是为了用于招待客人或者用于收集各式餐具的话，在这个自由自在的地方选择餐具也有很多用处。

世界之家
论坛大厅-2楼
208 Porte Berger巴黎一区
33（0）153408301
http://www.maisonsdumonde.com/

多米诺骨牌饼

材料

（大小4cm的正三角形，28~30个）

黄油90g、黄糖110g、鸡蛋1个、椰子粉20g、橙子皮二分之一个、谷物面粉20g、全麦面粉120g、低筋粉47g、和面面粉若干、烘焙粉3g、蛋黄若干、迷你巧克力圆点60g

提前准备的事项

所有的面粉类都要过筛后放好
黄油和鸡蛋要放置于室温下

难易度 ★☆☆

准备1小时→冷藏保存1小时→烘焙12分钟

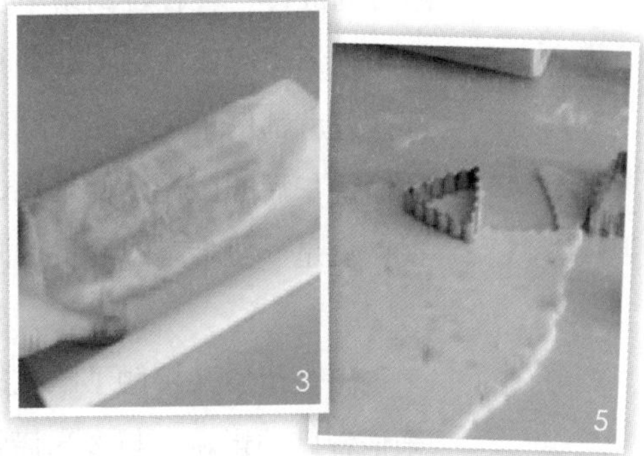

1. 在容器中装入黄油，用打泡器打泡之后放入鸡蛋进行搅拌。
2. 把椰子粉、橙子皮、谷物面粉、全麦面粉、面粉放入1中和成一团面。
3. 把面团压扁，用羊皮纸覆盖好之后放入冰箱冷藏1小时。
4. 在面板上洒上面粉，用擀面杖把面团擀成5mm的厚度。
5. 用三角形状的曲奇模具做出样式排列好，如果没有模具，用刀子切成三角模样也可。
6. 把烤箱预热180℃，在烤箱板上铺上羊皮纸。
7. 在切好的面片上面抹上一层蛋黄，用镊子把迷你巧克力圆点散落放上。
8. 烘焙12分钟左右，放在冷却网上冷却即可。

Betchou的小提示

* 把面团做成三角形状时，如果太松弛，可以放入冷冻室中一会儿再拿出来即可成形。

多米诺骨牌游戏的故事

大约是在小学五年级的时候，我和小舅一起玩过多米诺骨牌游戏。多米诺骨牌游戏是将骨牌按一定间距排列成行，轻轻碰倒第一枚骨牌，其余的骨牌就会产生连锁反应依次倒下。那时我们经常还没把骨牌全部摆好就都倒下了。初次玩多米诺骨牌游戏时，我的心情像午后的阳光一样灿烂，到目前为止，这对我来说，真是一段难忘的珍贵的回忆。

出去留学又接触了欧式的三格骨牌，它也是受多米诺骨牌的影响，与多米诺骨牌游戏很相似。不同之处是：它只是将两面换成了三面，而且玩法不是骨牌倒下，而是要把抛弃三面的数字和相同的骨牌相邻。我在食谱上看到过多米诺骨牌模样的点心，故而想起了三格骨牌。点心只要味道好就可以了，但是到目前萦绕在我脑海里的，和舅舅一起玩多米诺骨牌游戏的画面，是我现在想花费时间制作特别点心的原因所在。

Part 2

新鲜出炉的法国风味面包

如果说小说《悲惨世界》里的冉阿让是因为肚子饿而偷面包的话，那我是因为面包的美味而偷走它的配方，并且一定要尝一下那具有魔力般的吸引人的味道。

法国长棍面包

材料

（长 50cm，3 份）

水 350ml、橄榄油 1 大勺、柠檬汁 1 小勺、强化面粉 420g、法式面包粉 180g、有机干酵母粉 2 小勺、盐 2 小勺、白砂糖 2 小勺、扑撒用粉适量

提前准备的事项

将强力面粉和法式面包粉均匀混合

难易度 ★★☆

和面时间约 20~30 分钟→发酵时间 60~90 分钟→烘焙时间约 20 分钟

1. 将准备好的材料按照一定分量混合揉成面团。可以在基本的和面方法中选择自己喜欢的方法和面（参考 17 页）。

2. 将揉好的面团分成 2~3 等份并团成团，然后分别盖上湿棉布，放置在室内进行基本发酵约 45 分钟。

3. 面团体积膨胀为原来的 1.5 倍后，撒上扑撒用粉，放置在工作台上，然后用擀面杖轻轻地将面团擀平。

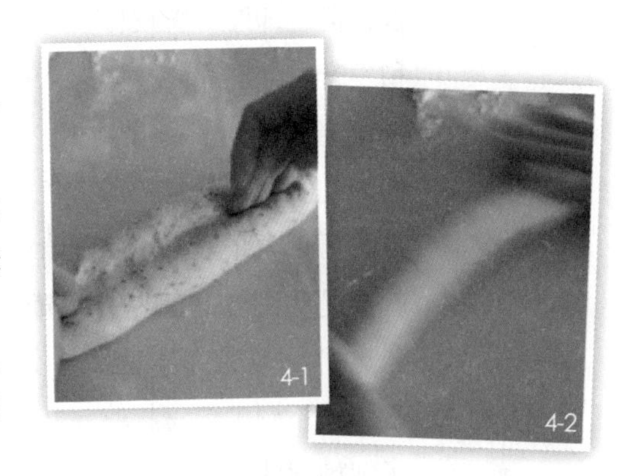

4. 将擀平的面的两端向中间折叠，为了不使其裂开，捏住面拉长，然后用双手从中央向两端滚动至面团长 50cm。

5. 将成型的面团放在烤箱的铝饼铛上，面团之间保留约 10cm 的间隔，并稍微撒些扑撒用粉。

6. 在刀上沾些扑撒用粉，然后用刀在面团上呈 45° 角割几道口子，口子要稍微深一点才能烤出外形漂亮的面包。

7. 完成步骤 6 后，在面团上盖上保鲜膜，放置在室内进行第 2 次发酵约 30 分钟。烤箱预热到 220℃后，将盛有水的烤碗放入烤箱直至产生水蒸气。

8. 揭掉面团上的保鲜膜，将面团放入烤箱，并将烤箱温度调低到 210℃，烘焙 20 分钟后冷却即可。

Betchou 的小提示

* 和面时，在工作台上撒些扑撒用粉可以使面团不那么黏。
* 吃剩的面包用纸袋包好，下次解开烘焙一下，味道和第一次吃一样好。

法语，十个法国长棍面包和讽刺

高中时，选修课有一门法语……我有一个朋友，她虽然从来没有实际听过这一门让人起鸡皮疙瘩的腻人语言，但是却厚着脸皮像模像样地去读。她对复杂的语法和发音的处理在学校里无人匹敌，所以毫无意外得到了法语老师的喜爱。在她 19 岁生日的清晨，她发现朋友们的礼物既不是常见的 7 色荧光笔套装，也不是当时流行的巧克力派蛋糕，而是十个法国长棍面包。那些面包就像是从法国寄来的生日贺电，她那乐得合不拢嘴的样子过了 18 年之后，直到今天仍然让我记忆犹新。虽然我想象不到她要怎样吃，味道如何，但是对于那些非常了解她对法国无私之爱的朋友们，她把它们作为装饰品放起来，也算是一种珍惜吧。

从那时算起还没过一年，父母就在家乡小城镇的中心开了一间当时最高级的西式糕点店——新罗名家。这对于比任何人都喜欢面包的我来说无疑是件兴奋的事，就像是我永远的偶像“徐太志和儿子们”的专辑大卖一样。这正应了那句“心诚则灵”的名言吧!

有时，我会用指头抹一下被退货的蛋糕尝尝味道，也会吃掉作为饭后甜点的奶油面包。在这些渐渐养成的坏习惯中，从开始以来，非常肯定的没有进入我所喜爱的面包名单中的，首先就是法国长棍面包。

“只要虔诚地祈愿，梦就会再次实现”。当然，作为现代巴黎人，我的成见已经消失了很长时间。如果有一天，你也微笑着打招呼说“Bonjour”，接过热气腾腾的法国长棍面包，折断面包尾部，一边听着这咯吱咯吱的声音，一边品尝面包的话，也许就能很快理解我了。

如果去法国旅行，不管在哪个城市，哪个街区，进入最容易看到的面包房点一个法国长棍面包，感受一下法国人的日常生活。也许你也能告诉那些只会法语发音，收到十个法国长棍面包却没能吃过的法国迷恋者，什么才是真正的法国味道。

说句题外话，因为喜欢法国，所以曾经梦想着要和法国人恋爱的那位朋友，在高三选修科目时却选择了歌辞，而对“Bonjour”的B只是一个法国的字母也很反感的我在大学入学考试中法语得了满分。那还不是全部，写这个故事的时候，我将要和一个有着蜜蜂的自称，别称，爱称的法国未婚夫举行甜蜜的婚礼。多么戏剧的事啊！说不定当时那个该收到法国长棍面包的人应该是我吧！

变形法国长棍面包

材料

（长 50cm，2 份）

软面团：中筋面粉 150g、水 150ml、速溶干酵母 1ts

法国长棍面包面团：水 210ml、柠檬汁 1 小勺、中筋面粉 225g、法式面包粉 225g、有机干酵母粉 2 小勺、盐 2 小勺、白砂糖 2 小勺、扑撒用粉适量

提前准备的事项

将中筋面粉，面包粉用筛子筛好混合放置

难易度 ★★☆

和面时间约 20~25 分钟→发酵 时间 70 分钟→烘焙时间约 20 分钟

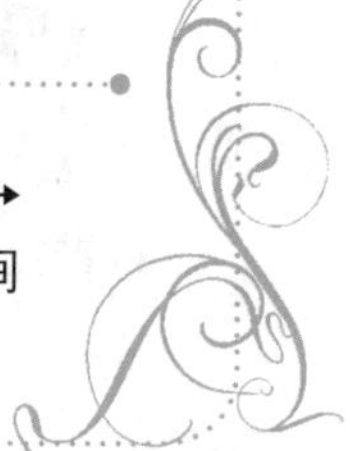

1. 将提前 12 小时揉好的软面团放入面包机（参考 18 页）。

2. 将做法国长棍面包面团的材料和步骤 1 中的软面团混合开始和面。

3. 将其团成团，盖上湿棉布后进行基本发酵约 40 分钟。

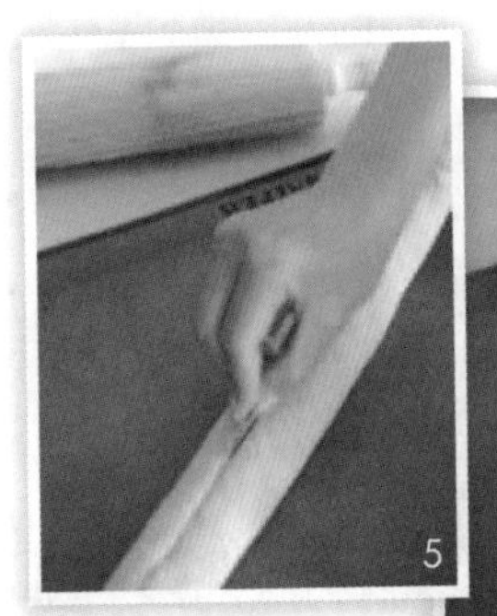

5

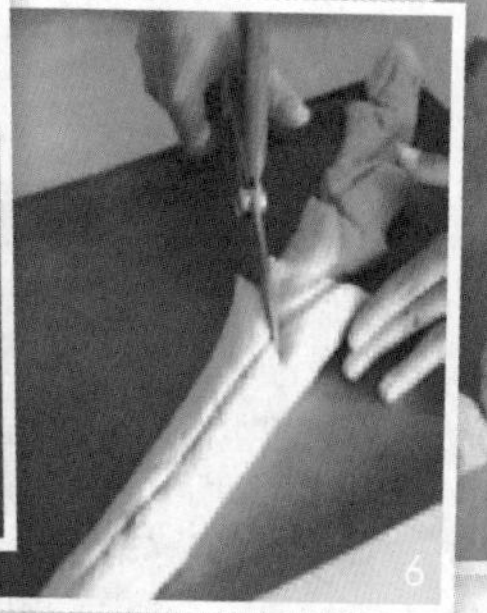

6

7

4. 按压步骤 3 中的面团，将空气压出，然后分成 2 等份，用擀面杖分别将两个面团擀成 50cm 长。

5. 将面团放在烤箱的铝饼铛上，并撒上适量的扑撒用粉，在面团中央割一道长口子。

6. 用厨房用刀在面团的一侧呈 45°角稍微往下切一下，在用同样的方法切一下另一侧。

7. 按之字形模样将面团切完后再将其做成三角形状，然后分别盖上湿棉布进行第 2 次发酵约 30 分钟。

8. 面团发酵的同时将烤箱预热到 220℃，放入发酵好的面团，将烤箱的温度调到 200~210℃之间，烘焙约 20 分钟后冷却即可。

Betchou 的小提示

* 面团的长度要根据烤箱的大小来调节。
* 吃剩的面包可以剪开，用塑料膜包成团，冷藏保存。

牛奶面包

材料

（长 25cm，宽 10cm 大小，1 份）

牛奶 270ml、精制强力面粉 450g、有机干酵母粉 2 小勺半、无盐黄油 15g、盐 1 小勺、白砂糖 1 小勺、扑撒用粉适量、橄榄油适量

提前准备的事项

准备温牛奶
将无盐黄油放置室内 1 小时以上

难易度 ★★☆

和面时间约 20~25 分钟→发酵时间最长 75 分钟→烘焙时间约 15~20 分钟

1. 将准备好的材料按照一定分量放在一个大容器中混合均匀揉成面团（参考 17 页）。

2. 将步骤 1 中的面团分成 3~4 等份，然后盖上湿棉布进行基本发酵约 30~45 分钟。

3. 用手轻轻按压面团，将面团中空气压出，然后用擀面杖擀成扁圆状。

4. 根据烤模的大小将扁状的面团两端向中间折叠，然后向另一方向卷起，捏紧接缝。

5. 将剩下的面团也按相同的方法成型，然后依次放入烤模，成型的面团之间要保留一定间隔，接缝朝下。

6. 用沾着扑撒用粉的刀在面团中央切一道口子，接着盖上湿棉布进行第 2 次发酵约 30 分钟。同时将烤箱预热到 200℃。

7. 面团如果如果膨胀到超过烤模顶端大小，就将其放入烤箱，烤箱温度调节到 180~190℃，烘焙约 20 分钟即可完成。

Betchou 的小提示

* 在第 2 次发酵的面团上稍微抹一点橄榄油的话，烘焙时会显得油光光的，显出看着很好吃的样子。
* 因为这种面包适合做烤面包片，所以烤完之后可顺便等它放凉之后再切开，这样面包的纹路也不会乱。
* 初次试验时，如果里面不露出来的话，就是烤好了。

意式熏肉橄榄薄饼

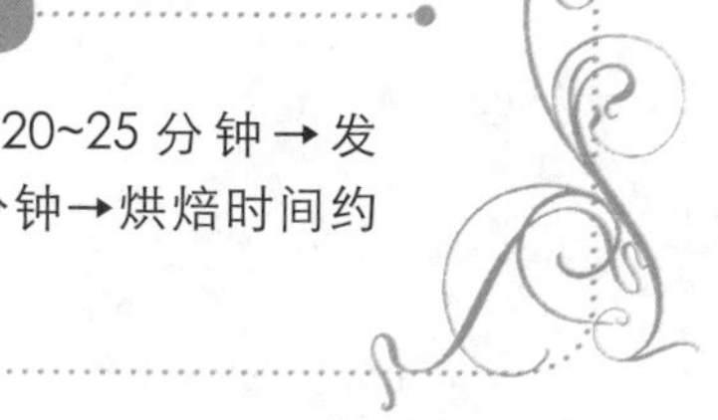

材料

（手掌大小，6~8 份）

水 200ml、强力面粉 350g、橄榄油 50ml、盐 2 小勺、速溶干酵母粉 1 小勺、扑撒用粉适量

馅：黑橄榄 80g、切碎的五花肉 100g

提前准备的事项

橄榄油去种剁碎

五花肉用盐腌制后稍微炒一下，切成丁

难易度 ★★★

和面时间约 20~25 分钟→发酵时间最长 40 分钟→烘焙时间约 15~20 分钟

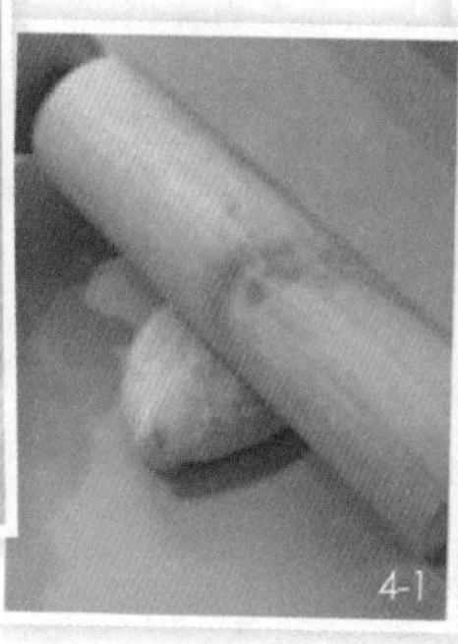

1. 把水、强力面粉、橄榄油、盐放入大容器搅拌混合均匀完成和面（参考 17 页）。

2. 把面揉成一大团，不用发酵直接分成 6~8 等份。

3. 将分好的面团分别用擀面杖轻轻擀平，在中间放入已切好的橄榄油和五花肉丁，再把面团搂进去捏紧。

4. 面团捏紧的部分朝下放置，撒上扑撒用粉，再用擀面杖稍微擀一下，做成手掌大小的树叶形状。

5. 用沾着扑撒用粉的刀在面团上割一道口子，做 5~7 个小洞使里面的陷能露出来。

6. 在面团上盖上湿布进行 40 分钟的发酵，同时要将烤箱预热到 230℃。

7. 把做好的面团放入烤箱，将烤箱温度调节到 210℃，烘焙大约 15~20 分钟。

Betchou 的小提示

* 因为包着橄榄油和五花肉，所以是很有营养的食物。此外，该薄饼也很容易做成像饺子那样的长椭圆形。
* 泡菜酱和泡菜搭配也不错，用泡菜和金枪鱼做馅也很美味。

奶油圆球面包

材料

（半径 6~7cm，10 份）

软面团：低筋粉 150g、温牛奶 150ml、速溶干酵母粉 1 小勺

奶油圆球蛋糕面团：蛋黄 3 个、精制强力面粉 260g、无盐黄油 70g、白砂糖 30g、香草糖 20g

装饰：水少量、水晶糖（冰糖）1 把

提前准备的事项

在奶油圆球蛋糕的模具上沾点扑撒用粉再抖掉

提前 12 小时做好软面团

难易度 ★★☆

和面时间约 20~25 分钟→发酵时间 100 分钟→烘焙时间约 15~20 分钟

1. 先将提前 12 小时做好的软面团揉好做成酵母（参考 20 页）。如果有面包机也可以放入其内制成酵母。

2. 把做好的奶油圆球蛋糕面团的材料全部混合揉好面团（参考 18 页）。

3. 将和好的面团成团放入一个大容器，然后盖上湿布在室内进行基本发酵约 15 分钟。

4. 轻轻按压面团，压出其内的空气，然后分成 10 等份放入圆形烤模。

5. 在盛面团的烤模上盖上湿布进行第 2 次发酵约 40 分钟，同时将烤箱预热到 220℃。

6. 用毛笔在面团上抹水后撒上水晶糖，用手轻轻按压固定好后放入烤箱。将烤箱的温度调节到 200℃烘焙约 20 分钟。烘焙过程中如果面包上面的颜色变深的话，可以盖上 1~2 层箔纸继续烘焙一段时间。

Betchou 的小提示

* 奶油圆球面包，用我们的话就是黄油牛奶面包，既松软又好看。虽然法国人大多都是叫亲昵的人爱称，但是值得注意的是，她们对亲近的丈夫却叫“大肚子大叔”。

辫子奶油面包

材料

（长30cm，宽12cm，1份）

精制强力面粉350g、牛奶175ml、鸡蛋1个、无盐黄油100g、白砂糖20g、盐若干、速溶干酵母粉2小勺

装饰：水1大勺、水晶糖（冰糖）1把

提前准备的事项

黄油，牛奶，鸡蛋在室内放置1小时以上

在铝饼铛上铺上硅胶垫或者羊皮纸

难易度 ★★☆

和面时间约20~25分钟→发酵时间70分钟→烘焙时间约15~20分钟

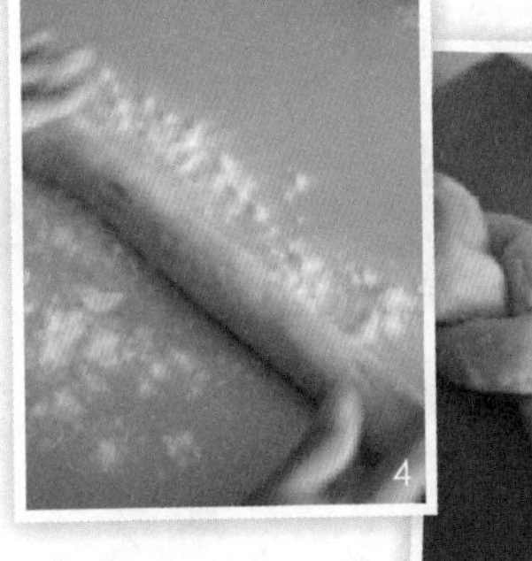

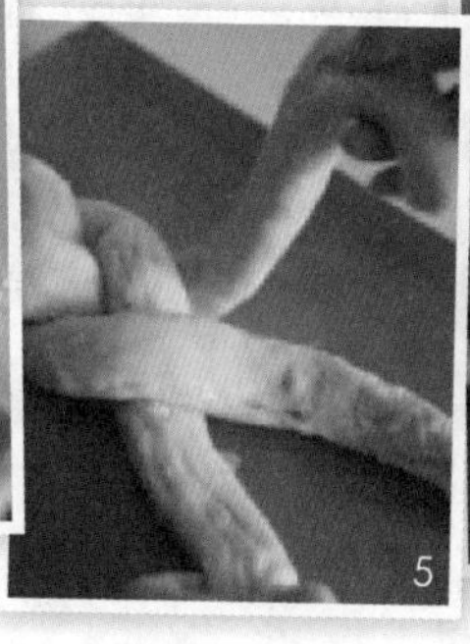

1. 将材料放入容器内混合搅拌均匀，揉成团（参考17页）。

2. 在面团上盖上保鲜膜，放在室内进行基本发酵约40分钟。

3. 面团膨胀到原来的1.5~2倍后，轻轻按压，将面团中的空气压出，分成3等份。

4. 将面团分别用擀面杖擀成长40cm的条状，此过程中不发酵。适当撒些扑撒用粉使它不黏。

5. 在烤箱铝饼铛上3个长条面团搓成麻花样，两端揉团使3个长条连接起来。如果搓的过密，面团不容易膨胀，所以要搓的松一些。

6. 盖上棉布进行第2次发酵约20分钟，同时将烤箱预热到200℃。

7. 用毛笔在面团上抹上充分的水，撒上冰糖，然后用手轻轻按压后再发酵10分钟，之后放入烤箱烘焙约20分钟。

Betchou的小提示

* 如果面包容易烤糊的话，在烤的过程中可以涂上些水，再盖上箔纸。

材料

（四方 8cm，12 份）

水 270ml、橄榄油 1 大勺、强力面粉 310g、黑麦面粉 70g、玉米粉 70g、有机干酵母粉 2 小勺半、盐 1 小勺半

提前准备的事项

将强力面粉、黑麦面粉、玉米粉放在一起混合

难易度 ★★☆

和面时间约 20~25 分钟→发酵时间 60 分钟→烘焙时间约 20 分钟

1. 把所有的材料混合揉成团（参考 17 页）。

2. 将面团放在大容器内，盖上湿棉布进行基本发酵约 30 分钟。

3. 面团膨胀到原来的 1.5~2 倍后，轻轻按压，将面团中的空气压出，然后可以根据自己的喜好，将面团分成适当大小的若干等份。

4. 再次在分好的面团上盖上湿棉布进行第 2 次发酵约 20 分钟，同时将烤箱预热到 220℃。

5. 在面团上分别割个十字形状的口子，然后发酵 10 分钟。

6. 将盛水的烤碗放入烤箱，产生水蒸气后将做好的面团放入烤箱。

7. 将烤箱的温度调到 210℃，烘焙约 20 分钟。

Betchou 的小提示

* 传统面包由各种谷物面粉制成，所以比法国长棍面包营养价值高。如果再放一块卡芒贝尔奶酪会更美味。

去跳蚤市场寻宝吧！

不管你是时尚先锋还是时装达人，也不管你是否有钱，只要问一问我们国家的女士朋友们喜不喜欢欧洲的跳蚤市场，肯定不会有人回答不喜欢……虽说跳蚤市场里人山人海，且充耳都是讨价还价的嘈杂声音，但是却有太多值得驻足细看的东西，而这正是跳蚤市场独有的魅力。在跳蚤市场上，即使你英语不好，也不敢说法语，但是只要会砍价的话，1000 欧元的香奈儿香水用 10 欧元就可以买到手，这正是跳蚤市场最有魔力的地方。进入跳蚤市场，感觉所有的物品都好像是被安托瓦内特摸过，不管看见什么都好像是自己的，心里美滋滋的。即使路易威登皮带叫价 500 欧元，你也会觉得像破烂一样便宜得过了头。当然，过几天再去逛的话，你还会发现有很多老式的用具，也会听到“这些给钱都不要的东西干嘛还要买？”这样的话。

这些让人很难理解的神奇现象主要出现在对于“阶乘”的概念比较弱的国家人群中。过去人们并没有有了一件东西再去卖掉的想法，也没有放着放着就留下来的名牌物品、名牌衣服、传统家具或者设计家具，所以也就不需要由它们组成的跳蚤市场。跳蚤市场很有意思，虽然我们国家没有但是浪漫的法国却有很多。将用过的物品留存下来，继承它们的子孙经过数年的修整改造，就会使这些物品在以后有很高的收藏价值，这就是法国。深受喜新厌旧思想影响的我们，对这种现象确实觉得既神奇又有意思。对于那些不知道的人们来说，“法国跳蚤市场”是个既神奇又新奇的事物。

我也很喜欢跳蚤市场，在那里既可以看到很多人和老式物品，又可以顺便帮忙增加点人气，虽然在里面买的东西不多，但也不会过多犹豫。曾经在逛巴黎科涅克尔跳蚤市场时，我一眼就相中了一件60年代的设计家具，并为它的天价念叨了一个月，最终6个月后我将这件很满意的高仿品摆放在了客厅里，遗憾的是缺少与家具相配的边饰。

虽然我心中已经勾画了一个模型，但是要轻易找到与家具相配的配件谈何容易，而只依靠想象又太模糊。这是怎么回事啊！歌剧院附近有一家常年营业的古董跳蚤市场，我一年去两次，在那里我发现了和我心中大小、设计都很符合的配件。虽然价格比我想象的要便宜，但是需要再次彻底修整后才能用，所以想砍价到30欧元以内。但是我偏偏没有那种可以长久忍受一个雷厉风行的人的耐心。小气鬼主人连10欧元都不让价，觉得50欧元适合的他立刻抓住我的手说：“你真像是没有人情味的巴黎人。”

“某地开了家跳蚤市场”，听到这样的预告，我就像颠覆了灰姑娘的妖精奶奶撒的魔法粉一样兴奋。当然，真正的古董市场的价格不会像那件砍价后的配件一样有那么好的价格。再怎么会砍价，一般也砍不下10％。如果再看到那件配件，我可能会二话不说就按照原价买下。

法式乡村面包

材料

（半径 20cm，1 份）

水 125ml、黑麦面粉 45g、强力面粉 225g、有机干酵母粉 2 小勺、盐 1 小勺半、白砂糖 1 小勺半、扑撒用粉适量

提前准备的事项

用微波炉将 2 大勺水加热 15 秒

难易度 ★★☆

和面时间约 25 分钟→发酵时间 60 分钟→烘焙时间约 25 分钟

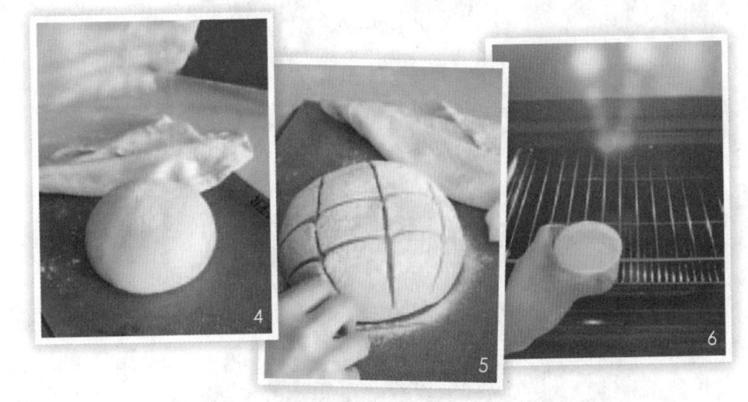

1. 向 2 大勺热水中放入一定分量的有机干酵母粉，放置 15 分钟生成生酵母。

2. 剩下的材料和步骤 1 中的生酵母混合和成面团（参考 17 页）。

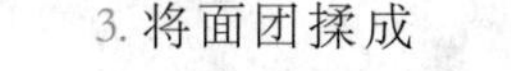

3. 将面团揉成一大团，盖上湿棉布放置约 30 分钟进行基本发酵。

4. 面团膨胀为原来的 1.5~2 倍后，用手轻轻按压，将面团中的空气压出，再将面团揉圆。

5. 分别在刀和面团上撒上扑撒用粉，用刀在面团横向，竖向分别割开口子，然后再盖上湿棉布放置约 30 分钟，进行第 2 次发酵。

6. 将烤箱预热到 220℃后，放入盛有水的烤碗，直至产生水蒸气。

7. 将烤箱温度降到 210℃，面团放入烤箱烘焙约 20~25 分钟。

Betchou 的小提示

* 因为在烘焙过程中，面包会向四周和上部膨胀，所以要留出充分的空间；如果烤箱不够大，可以将面团分成两等份。

材料

（四方 7cm，20 份）

软面团：中筋面粉 100g、水 100ml、面包干酵母粉半小勺

小面包面团：牛奶 150ml、中筋面粉 150g、全麦面粉 150g、有机干酵母粉 1 小勺、盐 1 小勺半、黄糖 1 小勺、无盐黄油 15g

装饰：芝麻适量

提前准备的事项

将中筋面粉和全麦面粉放在一起混合

将牛奶、无盐黄油放置在室内 1 小时以上

难易度 ★★☆

和面时间 20~25 分钟→发酵时间约 70 分钟→烘焙时间约 20 分钟

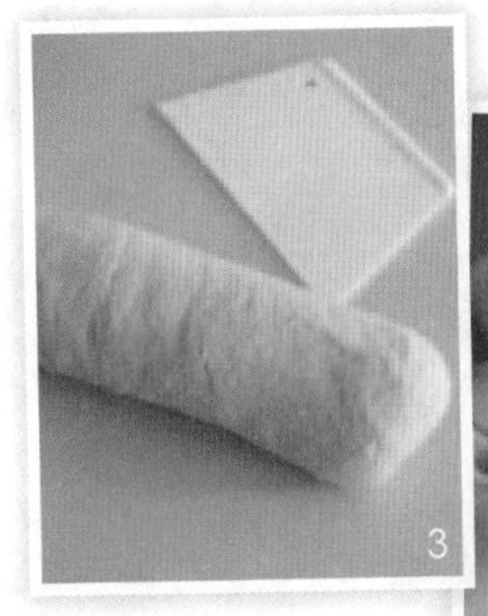

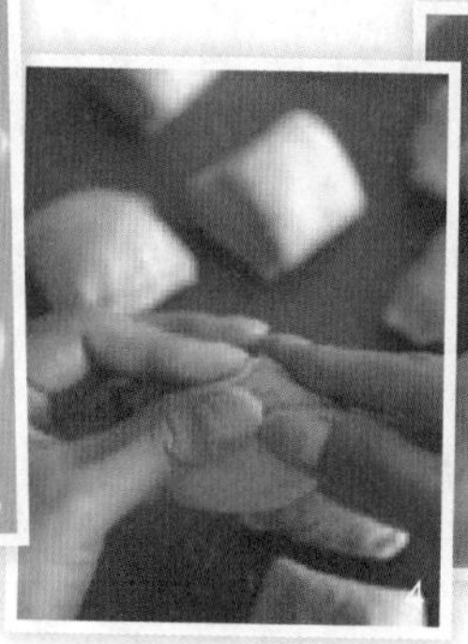

1. 和面包时，先提前 12 个小时将软面团材料都混合生成生酵母（参考 20 页）。

2. 将做小面包面团的材料和步骤 1 中的生酵母混合揉成面团，然后盖上湿棉布进行约 40 分钟的基本发酵。

3. 轻轻按压面团，将其内空气压出，然后揉成宽 6cm 的长条形状。

4. 用刮刀将面团做成正四方形并分成若干等份，然后将被切的断面揉成圆形。

5. 再次在面团上盖上棉布进行约 20 分钟第 2 次发酵，同时将烤箱预热到 220℃。

6. 在面团上用毛笔抹上水弄湿后，撒上芝麻，用手轻轻按一按使它们黏稳，再发酵 10 分钟。

7. 将面团放入烤箱，烤箱温度调到 200℃，烘焙 15~20 分钟即可完成。

Betchou 的小提示

* 在预热的烤箱中放入充满水的湿巾或者用喷雾器喷水制造出水蒸气后再放入面团的话，面包外面会更加酥脆，这样里面柔韧松软外面酥脆可口的面包就制作完成了。

谷物面包

材料

材料（2 份）

水 275ml、强力面粉 300g、荞麦面粉 15g、燕麦片 50g、盐 1 小勺、有机干酵母粉 2 小勺

装饰：燕麦片 1 把、薯粒或者芝麻若干、橄榄油若干

提前准备的事项

强力面粉、荞麦面粉和燕麦片均匀混合

难易度 ★★☆

和面时间约 20~25 分钟→发酵时间 55 分钟→烘焙时间最长 30 分钟

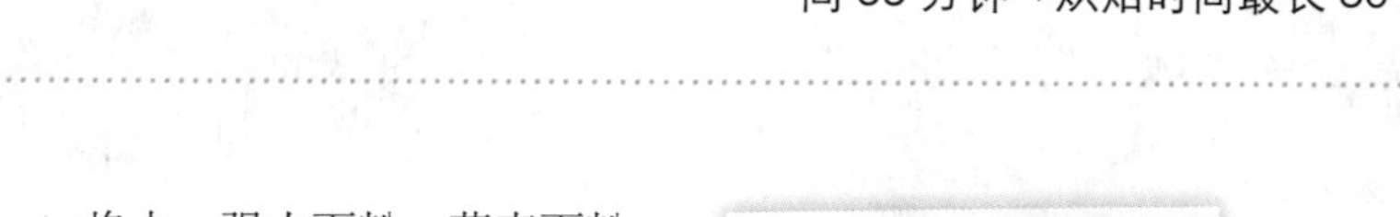

1. 将水、强力面粉、荞麦面粉、燕麦片、盐、干酵母粉全部放入大容器完成初步和面（参考 17 页）。

2. 将面团分成 2 等份，分别盖上湿棉布进行约 30 分钟基本发酵。

3. 按压膨胀的面团，将面团内的空气压出，然后根据烤模大小向中间折叠成型，捏紧接缝。

4. 将面团接缝处拆下放置，在面团上部用毛笔抹上水并撒上燕麦片（燕麦片最好不要全部撒上，剩下一些），为了不使燕麦片掉落可以用手轻轻按一按。

5. 在面团上面割一道口子后再次盖上湿布进行第 2 次发酵约 15 分钟，同时将烤箱预热到 220℃。

6. 刀口部分如果裂开，可以在中间稍微抹点橄榄油并撒上剩下的燕麦片、薯粒和芝麻，然后发酵 10 分钟。

7. 将步骤 6 中做好的面团放入烤箱，烤箱温度调节到 200℃，烘焙 30 分钟即可。

Betchou 的小提示

* 芝麻烤熟后散发出的香气和烟气对眼睛的刺激会很大，所以要慢慢打开烤箱的门。

夏巴塔面包

材料

材料（2 份）

软面团：中筋面粉 330g、水 200ml、速溶干酵母粉 2 小勺

夏巴塔面包面团：水 50ml~60ml、强力面粉 170g、橄榄油 1 大勺、盐 2 小勺、扑撒用粉 1 杯以上

提前准备的事项

提前 12 小时将材料混合做成软面团（参考 20 页）

难易度 ★★☆

和面时间 20~25 分钟→发酵时间最长 90 分钟→烘焙时间约 25 分钟

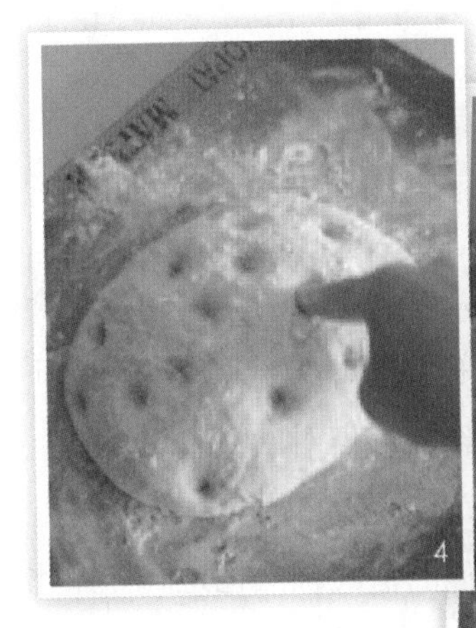

4

5

1. 将做夏巴塔面包面团的材料和提前揉好的软面团混合，开始和面。

2. 这次和的面团要比其他的面团软，揉好后放入容器中，盖上湿棉布进行基本发酵约 60 分钟。

3. 在工作台上撒上扑撒用粉，然后将膨胀的面团分成 2 等份，分别揉成扁圆状。

4. 将面团放置在铺有羊皮纸的烤箱铝饼铛上，然后用手指在面团上间隔适当距离按上若干小酒窝。

5. 再次盖上棉布进行第 2 次发酵约 30 分钟，同时将烤箱预热到 220℃。

6. 将步骤 5 中做好的面团放入烤箱，烤箱温度调节到 200℃，烘焙 20~25 分钟即可。

Betchou 的小提示

* 夏巴塔面包的面团比较软，所以可适当多撒些扑撒用粉，直到面团不黏为止。
* 用手指在面团上按小洞时，要在上面多撒一些扑撒用粉。

Mariage Frerse

一天早晨，第一次去未来公婆家的时候，我在给未来的婆婆呈上法式长面包和果酱的同时，用一杯红茶代替咖啡敬给了婆婆。当时的我就像一个很乖的小孩子，也许很多人都会有相似的经历，但对于我来说，那一杯红茶所留下的却是永恒的温馨与记忆。

马卡龙是那样的，其他的法式糕点也是同样如此。一开始我总是避免吃那些高级糕点，慢慢地对那些普通糕点的味道熟悉后，才开始了解那些高级品牌。对红茶也是这样的。

如果是一个很喜欢红茶的人，他不可能不知道法国最有名的红茶品牌——Mariage Frerse。偶尔在装饰杂志上，介绍法国某些有名的演员、设计艺术家的家时，在厨房的某个地方总是能看到它，就好像不管你怎么不经意地摆放，它的存在感总是那么强，Mariage 的黑色茶总是最引人注目。Mariage Frerse 是不管日本人，还是美

国人，对于那些发达国家的游客们来说，即使不看也知道的品牌。

在 Mariage Frerse 的沙龙上，所点的茶是由穿着雪白的印度式服装、拥有蓝眼睛的青年呈上的。如果和他们正好对眼，你会发现他们那带着撒娇味道的微笑是相当法式的。

如果你喜欢加香茶的话，虽然卢沟桥、马可 · 波罗（Marco Polo）等品牌也可以满足你的要求，但符合我早晨风格品味的除了美国黑色 Frist 外就一个也没有。因为对于我来说它包含着巧克力的香味，能够让我感觉到毫无负担的草香，就像非常完美的 George Clooney 一样能给人温柔、温暖的感觉。喝一口红茶就好像又回到了令人心潮澎湃的 20 岁，就像是在品尝和畅饮法国一样。

注：Mariage Freres 就是法国茶文化的缔造者。

Mariage Frères
35 rue du Bourg-Tibourg, Paris 4
33(0)144541854

法国三明治

材料

材料（10×10cm 2 个的分量）

制面包的材料：水 130ml、富强粉 250g、盐半小勺、有机农干酵母菌一小勺、橄榄油一大勺

馅的材料：市场上销售的西红柿调味汁 5 大勺、香菇 20g、罗勒叶一把、切好的切达干酪 4 张、爱蒙塔尔奶酪 4 张、熏肉 4 张、格鲁耶尔干酪 100g、黄油少许、葡萄籽油少许

提前准备的事项

将香菇切成片

罗勒叶捣得粗一点

难易度 ★☆☆

和面时间 20~25 分钟→发酵时间 60 分钟→烘焙面包时间 15~20 分钟→准备三明治时间 10 分钟→烘焙三明治时间 12~15 分钟

1. 将和面包面所用的材料放入容器里均匀得搅拌制作成面包面。

2. 将湿棉布盖到面包面浆上面，然后进行第一次发酵 30 分钟。

3. 使劲按压面包面，将里面的空气都挤出来，然后分成圆圆的两等份。

4. 放入圆圆的面包模具中，盖上盖子进行二次发酵 30 分钟。

5. 将烤箱预热到 200℃，打开盖子后再烘焙 15~20 分钟，烤完后将面包面从模具中分离出来放凉。

6. 完全放凉后切成厚度为 1cm 的片。

7. 用强火充分加热涂满葡萄籽油的锅，然后将强火调到中火，放入西红柿调味汁翻炒。

8. 当散发出浓浓的香味时把香菇放入一起炒，最后把薄荷叶放入适量的盐、胡椒粉调一下味道。

9. 将烤箱预热到 200℃。

10. 将 5 的面包用烘焙面包炉轻轻加热后，在面包的一面上涂上奶油。

Betchou 的小提示

* 没有格鲁耶尔干酪时，可以用市场上销售的匹萨奶酪。

11. 在涂奶油的一面上放上切达干酪 8 步骤的西红柿调味汁，熏制的肉以及爱蒙塔尔奶酪，然后再把模板上的面包片盖在上面。

12. 将步骤 9 中的三明治放入烤炉中，再在上面撒上格鲁耶尔干酪。

13. 在烤炉中烘焙 12~15 分钟，一直到奶酪融化就完成了。

巧克力面包

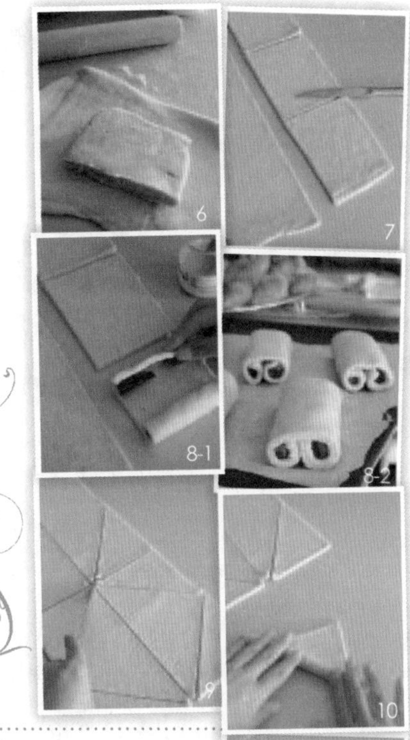

材料

材料（8~10 个分量）

低筋粉 250g、盐一小勺、糖 30g、速溶粉一小勺、牛奶 150ml、无盐黄油 125g、鸡蛋水（鸡蛋黄半个，水一大勺）黑巧克力 200g、除尘粉适量

提前准备的事项

将无盐黄油在室温下放置 1 个小时以上

将牛奶放在微波炉加热 15 秒

将巧克力坚果切为 12cm 左右的厚度

将羊皮纸热一下

难易度 ★★★

和面时间 60~90 分钟→发酵时间 70 分钟→烘焙时间 12~15 分钟

1. 在低筋粉上挖三个小槽子，在每个槽子里依次放入砂糖、盐、酵母菌。

2. 用旁边的面粉盖上，充分混合后再浇上温热的牛奶就成为了面包浆。

3. 将面包浆弄成圆圆的块之后装入容器里再用湿棉布盖住，一次发酵 20~30 分钟。

4. 把无盐奶油放到羊皮纸之间挤压成 1cm 的厚度。

5. 当面包浆大小膨胀为原来的 1.5 倍时，将其放到撒上面粉的案板上，挤压制作成长 30cm、宽 20cm 的长方形。

6. 将步骤 4 的黄油放到步骤 5 的面浆中折成三段后再两等分，用刷子刷上面粉，将巧克力用的面浆压成厚度为 0.3~0.5cm 后再切成横为 10cm、竖为 20cm 大小的三等份。

7. 在步骤 6 中和好的面的两端涂上黑巧克力，然后从两边向中间快速地卷上，然后向让中间的接缝处向下面放到烤箱里用湿棉布盖住烤 10 分钟左右。

Betchou 的小提示

* 剩下的面包密封保存起来，品尝之前以 200℃的温度在烤箱中再烤 3 分钟左右就可以吃了。

8. 像步骤 6 一样将牛角面包的面挤压成一定的厚度后切成长为 17cm、宽为 12cm 的长方形。之后再切成像照片一样的模样。

9. 以中间的顶点为基准向上卷，把剩下的部分涂上鸡蛋水紧紧地黏在一起。

10. 将两边弄成月亮一样的样子放到锅里并用勺子按一下。用湿棉布盖住后再次发酵 20 分钟。

11. 将烤箱加热到 200℃，在两种面上涂上剩下的鸡蛋水，再发酵 10 分钟。

12. 将烤箱温度降到 190℃，再将面包面烤 15~20 分钟左右，当表面的颜色迅速变化时，拿出中间锅盖上铝箔继续烘焙。

家饰店 Comptoir de Famille

新沙洞的新村拥有非常漂亮的欧式咖啡馆和新颖的事物，在三清洞的产品卖场，你会发现如果说追求极致是现在韩国国内大卖场生意兴隆的关键，那么法国家饰店成功的关键在于它的脱网形态。家饰店让人感受到家庭餐桌的意义和氛围，而且它是拥有实现家庭梦想的最佳氛围的地方。对于感到厌倦的法国人或因为没有从祖先那里继承什么贵重的东西而悲伤的当地人来说，卖场整体上都充满着乡村的氛围。如果访问连欧洲的名字都不知道的乡村农场的话，会让人感到像水啪的一声溅出来一样万籁俱寂。几件粗劣的餐具虽不像新产品那样有新意，但同日本最好的产品相比它的价格要高出 5 倍，偶尔买 1~2 个正好可以调节一下家庭餐桌的氛围。

Comptoir de Famille
18 rue Brezin Paris 14
http://www.comptoir-de-famille.com

Part 3

午后4点，特别的小甜点

午后4点，当休息室里的热气开始逐渐消退，我看着窗外的夕阳，陷入了无限的沉思中，和我一起分享这一切的包含了我的回忆、我的故乡和我故事里的浪漫配方。

水果蛋糕

材料

（径长15cm，2~3人/份）

柠檬半个、砂糖83g+汤底用10g、盐若干、淀粉25g、低筋粉25g、鸡蛋一个半+蛋黄一个、牛奶150ml、酸奶油（或鲜奶油）150ml、樱桃250~300g、黄油10g

提前准备的事项

把鸡蛋和蛋黄打散，不要留下小疙瘩，去除水分

洗干净樱桃去除水分

把柠檬皮弄好放好

难易度 ★☆☆

准备时间20分钟→烘焙时间25~30分钟

1. 把准备好的柠檬皮放入一个大的容器里后，再依次放入盐和糖。

2. 把过滤好的面粉放入1中，然后均匀地搅拌这些材料。

3. 再放入一定分量的鸡蛋和蛋黄，继续搅拌使它们不凝结在一起。

4. 再放入奶油和牛奶就制成了没有结块的平整的奶油。

5. 把烤箱预热到170℃。

6. 将要送进烤箱的汤具内均匀地涂上黄油，并且罗列上适量的樱桃。

7. 用奶油填充在樱桃和樱桃之间，一边烤一边往里面填充奶油，但不要超过汤具的三分之二。

8. 在烤箱内烘焙25~30分钟后，当边上变得黄橙橙的时候就可以拿出来了，然后温温热热的就可以吃了。

Betchou的小提示

* 虽然除去樱桃里的核更好，可是如果不借助工具就去除的话，可能会损坏樱桃的样子，所以应该注意这一点。

巧克力慕斯

材料

（径长 6cm，8 个人）

黑巧克力 85g+ 装饰用 10g、鲜奶油 150ml、鸡蛋一个半（将蛋白和蛋黄分离）、黄雪糖或香草糖一大勺、樱桃（装饰用）8~10 粒

提前准备的事项

将 2/3 分量的鲜奶油膨胀

将黑巧克力留下一些做装饰用，其他的融化

难易度 ★☆☆

准备时间 10 分钟→冷藏保存约 2 个小时

1. 将准备好的巧克力和 2/3 分量鲜奶油装入容器中，蒸到奶油完全融化。

2. 在室温下冷凉 7 分钟后再放入一定量的蛋黄，搅拌至完全没有结块为止。

3. 将蛋白装到另一个容器里打匀，然后放入香草糖，再放上结实的蛋白甜饼。

4. 将 3 的蛋白甜饼分成 3~4 份，然后放入 1 中的材料再充分混合，这样慕斯就制作完成了。

5. 将慕斯分装到透明的容器里，并放到冰箱里冷藏 2 个小时以上。

6. 拿出慕斯后将剩下的鲜奶油轻轻地放到慕斯上面即可。

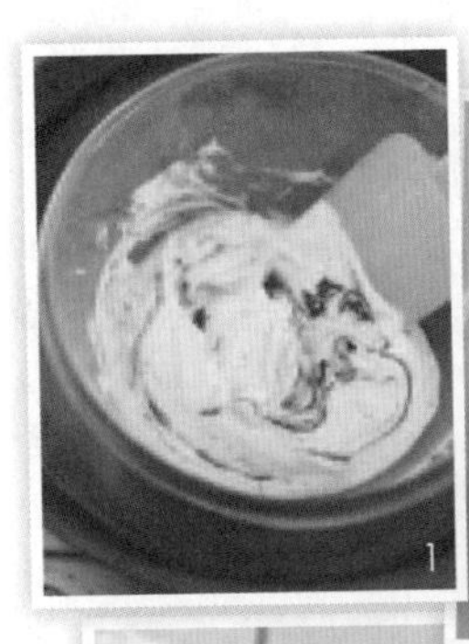

Betchou 的小提示

* 因为巧克力慕斯视感上很轻，所以起的这个名字就是巧克力泡沫的意思，它是法国人最喜欢的甜点。如果在慕斯和巧克力之间再铺一层樱桃或草莓的话，在厚厚的浓浓的巧克力和软软的鲜奶油所散发出的味道中不仅包含着酸酸甜甜的水果味，而且看起来也会更诱人。

烤布雷

材料

（径长 10cm，3 人份）

香子兰茎 1 个、酸奶油（或鲜奶油）375ml、蛋黄 3 个、黄雪糖 55g

提前准备的事项

将香子兰的茎切成段并削干净放在一起

难易度 ★★☆

准备时间 40 分钟→第一次烘焙时间 20 分钟→冷藏保管约 2 个小时→第二次烘焙时间 5~10 分钟

1. 先将烤箱预热到 160℃。

2. 将准备好的香子兰茎和酸奶油一起放到牛奶锅里用中火加热，当酸奶油第一次沸腾时将其从火上拿下来，再盖 5 分钟以上，一直等到香子兰的香味散发出来为止。

3. 将蛋黄和一半的黄雪糖装到容器里蒸热，然后用手提式搅拌机一直搅拌到颜色变白为止。

4. 除去香子兰的茎后将 2 分 2~3 次倒入 3 内，就那样用汤具加热 7 分钟，用木勺子盛的同时轻轻搅动奶油。

5. 将 4 中的香子兰奶油分装到烤箱的碗中，且每一个的高度都应在 2cm 以上。

6. 在宽阔的锅里装一半的水，再将碗放入，就那样在烤箱中烤 20 分钟。

7. 晾一段时间后，再放到冰箱里继续凉 2 个小时以上。

8. 将烤箱预热到 220~230℃。

9. 将冰箱中的 7 拿出来，把剩下的黄雪糖均匀地撒到每个奶油上面。再放到烤箱里烤 5~7 分钟就做成了卡拉梅尔糖，在高温下表面的黄雪糖会融化。这样卡拉梅尔糖就基本做成了，尽快从烤箱里拿出来就可以了。

Betchou 的小提示

* 一定要将奶油装满容器的 2/3 再加上 1~2mm 的卡拉梅尔糖，这样视觉上会更加生动鲜活。

材料

（6~8 个人）

黑巧克力 83g、无盐奶油 83g、放于铝饼铛里的奶油若干、鸡蛋 2 个 + 蛋黄 1 个、低筋粉 25g、砂糖 35g、鲜樱桃或樱桃脯 6 粒、酸奶油若干

提前准备的事项

将奶油均匀地涂到铝饼铛里再轻轻地撒上一层面粉

去掉奶油的棱角

把黑巧克力完全融化

难易度 ★☆☆

准备时间 20 分钟→烘焙时间 10 分钟

1. 把奶油和巧克力放到牛奶锅里用中火慢慢地熔化。

2. 再把低筋粉和蛋黄放到 1 中的牛奶锅里均匀地搅拌。

3. 将烤箱预热到 180℃。

4. 将一定分量的鸡蛋和砂糖放到容器里，大约搅拌 5 分钟，一直搅拌到颜色变白为止，然后倒入 2 中均匀搅拌。

5. 在松饼锅里装入 80% 和好的浆后放到烤箱里烤大约 10 分钟，然后就可以小心翼翼地拿出来了，注意不要破坏它的样子。

6. 在很热的状态下再放上凉凉的酸奶油就完成了。

Betchou 的小提示

* Pongtang 是“融化”的意思，就像熔岩一样噗地炸一下，里面就会淌出软软的岩浆，这就真是“Pongtang”啊。

浮岛

材料

（3~4 人份）

牛奶 500ml、香子兰茎半个、鸡蛋 2 个、黄雪糖 3~4 大勺、盐若干、椰子液或椰子牛奶 120ml

提前准备的事项

将香子兰的茎切成段并削干净放在一起

将鸡蛋的蛋白和蛋黄分开

难易度 ★☆☆

准备时间 20 分钟→加热时间 10 分钟→冷藏保存 2 个小时以上

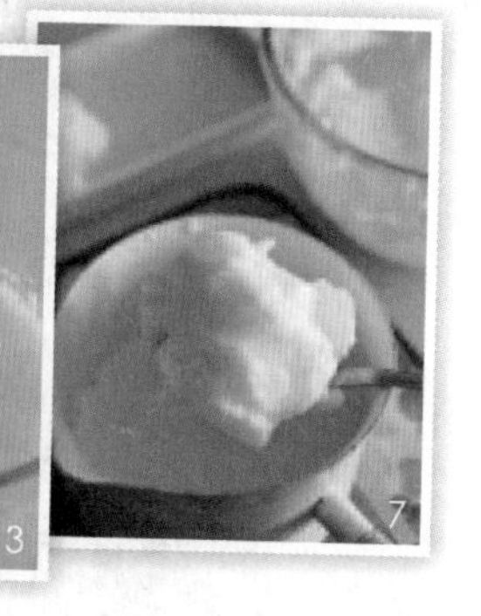

1. 将 400ml 的牛奶和准备好的香子兰茎放到牛奶锅里，用强火一次性煮沸。

2. 将蛋白和 2~3 大勺砂糖放到容器里一直搅拌，直到颜色变白为止。

3. 小心地将 1 倒入 2 里面，均匀地搅拌使其不结块。

4. 将 3 装入牛奶锅中，放在中火上用木勺子搅拌着加热 10 分钟左右，不要压住锅的下面继续搅拌，用木勺子盛的时候，先在上面轻轻地撒上奶油后再从火上拿下来。在室温下晾一会再放到冰箱里保管。

5. 将蛋白、盐和剩余的砂糖装到容器里，再把尖尖的硬硬的蛋白甜饼放到上面。

6. 在另一个锅里装入牛奶和椰子牛奶煮沸。

7. 用勺子把蛋白甜饼像岛一样高高地盛起来放到煮好的 6 上面加热，注意不要让蛋白甜饼散了。将 6 中的牛奶盛起来晃动几次，然后将牛奶和酸奶覆盖到蛋白甜饼上，最后将做好的蛋白甜饼岛放到一边。

8. 将完全放凉的 4 装到容器里再把蛋白甜饼放到上面即可。

Betchou 的小提示

*“iles-fiiottants(浮岛)”是由于能使人联想到白色的蛋白甜饼岛而起的名字。如果从给甜点起名字这种才能来看的话，法国的厨师好像都是浪漫的诗人。

松露

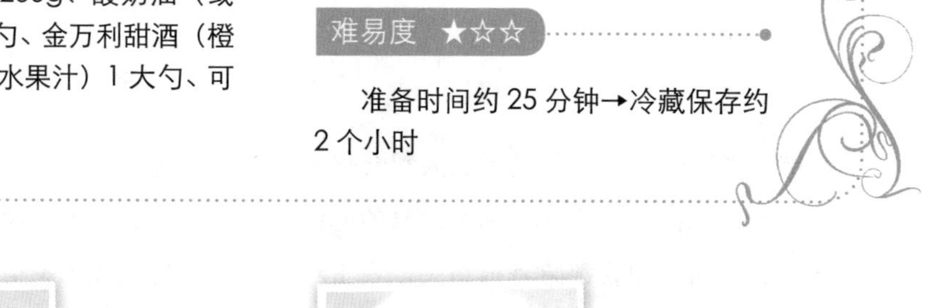

材料

（径长 25cm，22~25 个人）

黑巧克力 200g、酸奶油（或鲜奶油）2 大勺、金万利甜酒（橙子汁或一般的水果汁）1 大勺、可可粉 30g

提前准备的事项

将可可粉装到一个凹形容器里放好

难易度 ★☆☆

准备时间约 25 分钟→冷藏保存约 2 个小时

1. 将巧克力和酸奶油装到容器里蒸。

2. 蒸完之后将金万利甜酒放入其中搅拌均匀。

3. 盛出巧克力浆用羊皮纸或保鲜膜包好，放到冰箱里冷藏 2 个小时以上使其凝固。

4. 将凝固好的巧克力浆分成若干份，每一份约 10g，将它们用手做成巧克力球后，再在上面覆盖一层可可粉，把巧克力球压成厚度为 1cm 后再切成四边形，如果能用面粉覆盖一下就更好了。

Betchou 的小提示

* “松露”这个名字来源于独特的稀有的蘑菇的名字，法式巧克力是模仿像凹凸不平的长的很难看的像石头一样的松露蘑菇而制成的。它虽然长得不好看，但软软的甜甜的味道不是仅仅通过看外表就能想象得出来的，且松露和浓咖啡是最好不过的搭档了。

巴黎故事：

斯克莱布（酒店）咖啡馆

第一次听到我和法国关系的人都会很羡慕地说："你在法国生活过啊！"当然我也有连埃菲尔铁塔下面的乞丐都羡慕的时候，但也有那么一瞬间像得了思乡病一样就连听到一句韩国话都感到很想哭，我主观上认为凯旋门和巴黎圣母院同韩国的泡菜是不可替代的。对于那些仅凭着对法国美丽的幻想，就会说："哎呀，我也经历过了……"的人们来说，更适合用一句这个地方的俗语"别人的草地看起来更绿"来答复。就是那个时候我在巴黎获得了一个非常珍贵的缘分。他就是在巴黎歌剧院附近见过的斯克莱布。

事实上，通过网络而变得亲近的博友们下线之后也持续联系的缘分就像故乡一样温暖一样温馨，反而比埃菲尔铁塔更加让人心仪。而我有机会和一位韩国姐姐见面就来自于此，这也是发生在巴黎的一件事。虽然不是同名人而仅仅是一位普通人见面，但我的心情仍久久不能平静。同具有相同兴趣的韩国人第一次见面，并且还是对于我这样在日常生活对话中更多使用法语的人来说，和那位姐姐的交谈满足了我数十年间对于母语的渴望。

Café Rue Scribé
1, rue Scribe, Paris 9
www.hotel-scribe-paris.com

姐姐提议见面的地方是一个“可以看到落叶但没有给人孤傲的感觉”的地方，和这种情况十分吻合的就是这个酒店咖啡馆。虽然是酒店咖啡馆，但因为有另外的专用进出口，所以即使穿着舒服的便装，也可以让人感到毫无负担去享受的一个地方。而这个地方同夏季的氛围又是如此地和谐。位于城市的中心，距歌剧院只有 5 分钟的距离，英式的氛围，利索干练的服务，而能够同时满足这几个条件的地方不多。当姐姐惊讶地问“是什么地方啊？在罗曼蒂克的巴黎？”时，我就知道姐姐对于巴黎还不是很了解。要知道在法国同舒爽干净与光鲜闪亮的设施相比，嘎吱嘎吱响的老旧地方更值得尊重，这是一个既有使人不舒服的下水道的味道也有香水味的地方。

同咖啡馆相比，这里更近似于茶馆，但这里不仅有奢侈的茶点，还有热情奔放的含有性感味道的咖啡。不管是为了约会还是缓解自己紧绷的情绪，这都是一个值得来的地方，同时这也是一个让人感到愉快又高级的地方。

不管怎样，对我来说，能在这个相当优雅又独特的地方，像个刚开始说话的孩子一样，和姐姐神聊了 3 个多小时都是一种享受。不管是韩国人之间的情谊，还是把带来的食物的制作方法互相传授诉说，都再一次确定了我们是深入骨髓的韩国人，并且随之也有了这令人愉快的记忆。

这像春天一样温暖的记忆由于姐姐搬家去了英国而中断了联系，但我们一起点的下午茶……正是那种味道是我介绍这个咖啡的理由之一，而这里也无疑成为我最为珍重的一个地方。

如果到陌生的巴黎旅行的途中经过这个地方的话，就请问一下两个同患乡愁的韩国游子相互之间留下记忆的咖啡馆在哪里呢？那么，说不定会感到同这个大鼻子国家稍微亲近一点。

牛奶——水果奶昔

材料

材料（2 人份）

色浆果类水果 200g+ 装饰用若干、柠檬半个左右的分量、罗勒（香草类的一种）或薄荷类 1~3g、无糖纯酸牛奶一个、低脂肪牛奶 100g、砂糖 2 大勺

提前准备的事项

把水果洗干净去水
把香草洗净擦干水
制作好柠檬水

难易度 ★☆☆

准备时间 10 分钟→冷藏保管约 1 小时

1. 以个人喜好的分量为基准把适量的水果、柠檬汁和薄荷叶一起装到调配器里混合起来。

2. 把纯酸牛奶、低脂肪酸奶、砂糖一起放到 1 中充分磨碎，如果喜欢嚼里面的果肉的话可以根据自己的喜好调整打磨的时间。

3. 将其装到漂亮、透明的杯子里，用剩余的水果来装饰一下就完成了。

1

3

Betchou 的小提示

* 很漂亮且具有甜甜的色感的牛奶——水果奶昔减轻了甜味，因此可以期待有一定的减肥效果，但红色浆果类水果中新鲜的甜甜的味道正是这一甜点的魅力所在。

柑橘汤

材料

（3~4 人份）

酸橙或柠檬 1 个、带叶的薄荷茎 5 个、橙子 1 个、葡萄柚 1 个、橘子 2 个、碳酸水（像汽水一类的透明的水）125ml、砂糖 1 大勺、朗姆酒 1 勺

提前准备的事项

把柠檬去皮切成大块

难易度 ★☆☆

准备时间 10 分钟→冷藏保管约 2 小时

1. 把酸橙和砂糖放到调配器里制成汁，大致打磨一下后将薄荷茎放入，再一次充分混合并将其冷藏保管。

2. 将剩下的水果果皮和果肉分开放到一个大的容器里。

3. 将 1 浸入 2 中之后，在冰箱里放置 2 个小时以上。

4. 在放置容器之前，先把碳酸水倒入 3 中，然后分装到深口的碗里或透明的杯子里。

1

3

Betchou 的小提示

* 在连呼吸都很困难的炎热夏季里，长时间地守在烤箱旁边是一件让人无法忍受的事。在热带水果上面洒上水而做的很凉爽的柑橘汤，正好是炎热夏季里再好不过的一道甜点。

甜瓜球

材料

（2 人份）

甜瓜（中）1 个、Dry white wine 500ml、橙子 1 个、桂皮 1 个、砂糖 2 大勺

提前准备的事项

将甜瓜一分为二，用勺子将甜瓜种子去除

扒开橙子制作成橙皮

难易度 ★☆☆

准备时间 30 分钟→冷藏保管约 30 分钟

1. 将一定分量的 Dry white wine、橙皮和桂圆放入奶油锅里，用中火煮 10 分钟左右，最后把砂糖倒入锅中融化后在室温下完全晾凉。

2. 用水果勺子（参考第 11 页）把甜瓜的果肉挖成圆形放到一边保管好。

3. 把甜瓜球倒入容器中，再将 1 倒入容器中，就这样放到冰箱里冷藏保管 30 分钟以上，凉凉的就可以吃了。

Betchou 的小提示

* 就像电影《天使爱美丽》中贪心鬼少年的口袋裂开有漂亮的玻璃球会向四周移动的场面，和玻璃珠子一样有漂亮的视觉效果的那些甜瓜球好像能滚起来一样。

Merci

当我无聊的专业课——建筑课程结束的时候，彷徨的我遇到了一位来找我的韩国杂志社的职员，他计划以“全部死亡”为题进行专题报道的取材，并进一步调查造成内啡肽上升这一现状的最大诱发因素。凌晨6点我就动身去了约定的采访地点。这里是我在法国生活以来认为人群最为密集的地方。在这一天里我接到了数十通涉外邀请的电话，同时在这一天里我也发现了一个内心不一样的我。MAREY顶端的概念时装店——Merci，就是我的取材对象之一。

虽是没有抱着任何期待而找到的咖啡馆，所谓的大打击就是如此大的一个地方吗？这个地方给人的第一感觉虽没有法国式的干练、开阔，且价格也很贵，但它谦虚的氛围却使它成为一个相当新颖的地方。

第二次去的时候虽然也是因为一个取材，但在卖场内的咖啡馆停留了很长时间，点了喜欢的红茶和茶点，且在等巧克力的时候突然感到卖场内的平台是如此可爱。

咖啡馆一边的墙上装满了密密麻麻的书，在咖啡馆里面可以仔细的翻阅。入口处柔和的吊头灯，像《寻找曼哈顿》一样的氛围，和咖啡馆十分相称的陈旧的木头柱子，很旧的皮革安乐椅坐垫，一边紧紧拉着婴儿车一边和朋友唠叨不休的年轻妈妈，打了30分钟的电话还在等待男朋友出现的女孩……这些都发生在这拥有金色头发的巴黎土地上。不知为什么这所有的风景给人以《黎明之前》中的场面一样的感觉。

下次来的时候要把这美好的地方写到我的书里，然后带一本来作为礼物送给这里的主人吧。

111, Boulevard Beaumarchais Paris 13
33(0)1 42770033
8 Saint Sébastien-Froissart

红色果冻

材料

（2 人份）

Dry Red Wine 100ml、矿泉水 150ml、片状吉利丁 1 张、黄雪糖 1 勺、杨梅（草莓或浆果类水果）50~60g、玫瑰花水或橙花水 1 勺（没有的话可以省略）

提前准备的事项

把水果洗干净后去除水分

把板明胶浸泡到水里再拧干水

难易度 ★☆☆

准备时间 40 分钟→冷藏保管约 1 小时

1. 把 Dry Red Wine 装到牛奶锅里用中火煮。

2. 一次性煮开后，把除杨梅之外的所有材料都放入牛奶锅里充分混合后再凉一会。

3. 提前把杨梅装到杯子里，将 2 倒入杯子后，冷藏保管 1 小时以上。

Betchou 的小提示

* 黑莓、蓝莓、杨梅都是夏季水果，换句话说它们都表示祝福。在疲惫的夏季，把它们放入一杯红酒中就可以做成这样漂亮翠绿的点心了。

柠檬奶酪蛋糕

材料

（直径 8cm,4 人份）

低脂肪奶油（或有机农人造奶油）25g、咖啡粉 1 勺、粗粮饼干或低脂肪饼干 75g、可可粉 1 勺、砂糖 4 大勺、低脂肪酸奶油 100ml、香子兰茎 1 鸡蛋蛋白个、柠檬半个、柠檬汁 1 大勺、板明胶 2 张、无糖纯酸牛奶 200g、2 个的分量鸡蛋蛋白、盐适量

提前准备的事项

用羊皮纸把慕斯蛋糕模具的周边包起来

把饼干完全粉碎

把板明胶浸泡到水里再拧干水

在纯酸牛奶箩中铺上厨房专用纸巾，然后倒入约 20g 的酸牛奶去除水分

把柠檬皮和柠檬汁分别制作出来放好

将香子兰的茎切成段并且削干净放在一起

难易度 ★★☆

制作过程需 90 分钟→冷藏保管约 1 小时

1. 把奶油装入容器中放到微波炉上使其完全融化。

2. 把粉碎的粗粮饼干、咖啡粉、可可粉和 2 大勺砂糖放入 1 中均匀搅拌后做成底部用的饼干。

3. 用勺子将做好的饼干放到模具底部 0.5~0.8cm 处结实地铺好。

4. 把鲜奶油，柠檬皮和准备好的香子兰茎装入牛奶锅中微微煮一下，再放入融化后在室温下放凉。

5. 把酸牛奶、柠檬汁和剩下的砂糖放于容器中混合一下，再将 4 放入容器中充分混合。

6. 把蛋白和盐放入另一个容器中制成硬硬的蛋白甜饼。

7. 将 4 倒入 5 中充分混合后，再将 6 中的蛋白甜饼分成 2~3 份，全部充分搅拌使其中没有结块。

8. 将奶酪奶油倒入 3 中之后，冷藏保管 2 小时以上。

9. 在吃蛋糕之前先把蛋糕从冰箱里拿出来，用锋利的工具小心地将蛋糕和模具分开，然后把剩下的粗粮饼干或饼干装饰到软软的蛋糕表面。

2

7

Betchou 的小提示

* 用一般的慕斯模具代替微型慕斯蛋糕专用模具的情况下，应先把里面的羊皮纸剪裁后再围起来，这样即使是用大的模具完成后用尖锐的刀子剪的话，也可以剪得很漂亮并且不破坏原来的样子。

酥皮梨点心

材料

(2~3 人份)

西洋梨 2 个、橙汁 50ml、六角棱 1 个、低筋粉 50g、砂糖 2 大勺、低脂肪奶油 50g、燕麦片 50g

提前准备的事项

把梨削好后切成 15cm 的六角形
把奶油切成六角形放在凉处保管

难易度 ★★☆

准备时间 60 分钟

1. 烤箱预热到 200℃。

2. 把准备好的梨块装到烤箱用的容器里，铺好的厚度不要超过 1~2 层，然后把橙汁倒到上面，把六角形的梨块也放到一边。

3. 把剩的材料全部装到大的容器里，用刮刀先轻轻地搅拌混合一下，把两手展开这样量的材料放到上面。

4. 将足够量的 3 放到 2 的上面，然后在烤箱里烤 10 分钟，不需要把汤器拿出来，只需把烤箱的温度调到 190℃后再烤 15 分钟，当橙汁全部蒸发完之后再拿出来。

Betchou 的小提示

* 西洋梨是一种主要用于烤箱的料理。做红酒炖梨的时候，还是尽可能地用西洋梨比较好，看着吃起来软软的西洋梨让人非常想念脆脆的亚洲梨。托美味的红酒炖梨的福，西洋梨悄悄地打开了我的心灵之门。

浪漫的2月14日

因为喜爱你的热情，

因为尊重你的智慧，

因为最希望你在这个世界上，

并且最为重要的是……

因为那是你。

在过去的9年里因为你我可以成为王子。

因此在这里问一下……

你愿意成为我的王妃吗？

——你的杰罗姆

电影“Love Actually”的精彩片段从我的眼前掠过的那天，正好是我们9周年的纪念日，也是一年中最为浪漫的日子——2月14日。

像梦境一样，他拿出了一个小小的宝石箱子。

在那预约的布朗里美术馆的4层西式饭店边，埃菲尔铁塔的照明灯像宝石一样闪闪发光。

他腼腆的笑容在我含泪的眼前晃动着。

我虽没有像电影演员那样亮丽的工作，但他给我送来了像电影一样的礼物。

在我的一生中，再也没有哪天比那一天更为浪漫了，对于我来说那是独一无二的一天。

恋人们最为期待的一天，在那一天好像世界上没有人比我更幸福，那一天就是我们的2月14日。

Et parce que c'est toi

虚拟形象

当你发现厨房餐具的专门商标是如此帅气，如此高级，而那些在欧洲都是相当有名的牌子时，你会为了找出想使用的餐具和室内装修卖场进行更多的联系。因为看到了作为室内装修的商品的餐具，其本身能够给予最为直观的判断的地方就是这里的虚拟空间。

这里所有的家具、厨房用品、室内装修项目，都是年轻设计师以英伦风格为主体进行构想而创作的。从生产线到素材的选择都是未来主义的，而主要的消费群体主要还是那些俊男靓女。而寻找、设计、舒适这三种日常很难结合到一起的概念，在虚拟空间里能够很好地融合。在像家具卖场这一类的店铺中，占据最为重要的一部分就是厨房餐具。在这里喜欢的好看的设计即使再有价格看起来也不显得清高，反而越看越有魅力。而书中配方的 50% 都是用虚拟形象设计完成的，这是非常值得相信的事实。

Part 4

正统煎饼的甜润故事

煎饼出产于法国西南部一个被称为布列塔尼的地方，干净的，香喷喷的，甜甜的……

根据你放在怎样的位置，它的味道和视觉效果是千差万别的，它就是一个十分古怪的家伙——煎饼。

材料

（2 人份）

煎饼 2 张、西红柿 1 个、西兰花 4 朵、香菇 50g、洋葱半个、鸡蛋 1 个、爱蒙塔尔奶酪若干、盐若干、胡椒若干、橄榄油 1 大勺

提前准备的事项

用自来水把蔬菜洗干净，去除水

把西红柿、西兰花切成比较方便吃的大小

把香菇切成薄薄的片

把洋葱切成丝

难易度 ★☆☆

准备时间约 15 分钟→装饰时间约 30 分钟

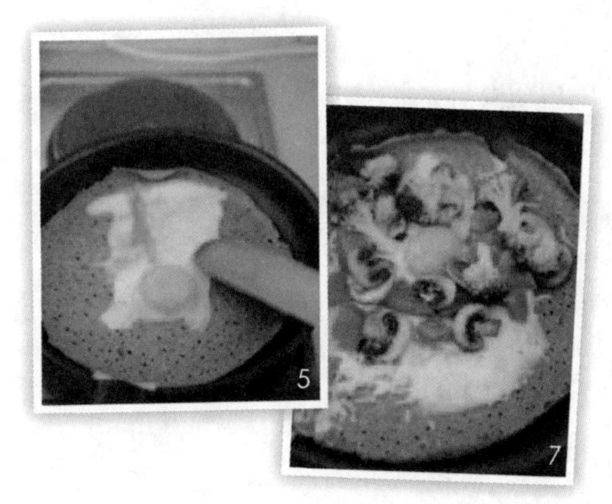

1. 用和好的面（参考 26 页）做两张煎饼。

2. 把水和一些盐放入锅里煮，将准备好的西兰花放在水里焯一下，再用凉水冲洗后控干水。

3. 把橄榄油放到锅里炒洋葱，把香菇也放到锅里翻炒一下。

4. 用厨房专用纸巾或刷子把油抹到锅里。

5. 把锅放到中火加热后，把一张煎饼放到锅里，并把鸡蛋打碎完整地放到煎饼上。

6. 大体上鸡蛋熟了之后把奶酪撒到蛋白旁边。

7. 将适量准备好的材料放到 6 上，放上盐和胡椒粉调一下味道，并用木勺子轻轻地从一边开始卷起折好后装到碟子里。

Betchou 的小提示

* 可丽煎饼就像人们所说的那样：只是放了蔬菜的煎饼，将拌茄子或蒸土豆等喜欢的材料放上也很好。

材料

（2 人份）

薄煎饼 2 张、西红柿一个、罗勒叶（香草的一种）5g、熏制的火腿 30~40g、蒜若干、鸡蛋一个、爱蒙塔尔奶酪若干、盐若干、胡椒若干

提前准备的事项

用自来水把蔬菜洗干净去除水

把西红柿切成小块

把罗勒叶切好

把香菇切成薄薄的片

把熏制的火腿切成薄薄的正方形

难易度 ★☆☆

准备时间 10 分钟→烘焙时间约 30 分钟

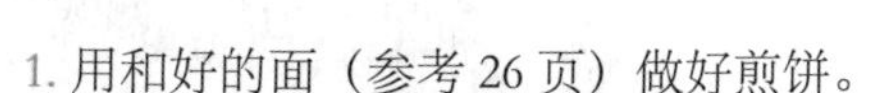

1. 用和好的面（参考 26 页）做好煎饼。
2. 在加热的锅里涂上油再放入蒜，一直炒到散发出蒜香味为止。
3. 将火调到中火后把西红柿和罗勒叶放入，一直炒到水干为止。
4. 微微炒一下香菇。
5. 用微火油炸鸡蛋的蛋白，注意只需把蛋白弄熟就行，不要炸糊。
6. 把锅放到中火上，用厨房专用纸巾或刷子把油抹到锅上。
7. 调到中小火后把一张煎饼放到锅里，再把适量的 2 铺到上面。
8. 撒上爱蒙塔尔奶酪。
9. 再把和火腿一起炒好的香菇放到上面，用盐和胡椒来调一下味道。
10. 从四边把煎饼折起来，再把 4 放到上面即可。

Betchou 的小提示

* 有“完全”之意的“complete”顾名思义是包含有全部营养元素的薄饼。
* 薄饼只有和一种叫做“Cidre”的法国苹果酒一起吃才会味道正宗，当然它和果汁也是很配的。

北欧可丽饼

材料

(2人份)

煎饼2张、熏制的鲑鱼肉酱2张、酸奶油2大勺、韭菜(或葱的嫩叶)2~3大勺、柠檬1/4个、盐若干、胡椒若干

提前准备的事项

把韭菜切好

难易度 ★☆☆

准备时间约15分钟→烘焙时间约3分钟

1. 把已经烤好并且放凉的薄煎饼(参考26页)折成自己喜欢的样子。
2. 把适量的凉酸牛奶铺到上面后再放一张熏制的鲑鱼肉酱。
3. 在吃之前先撒上一些韭菜。
4. 如果想要消除鲑鱼的腥味,可以稍微撒上一些柠檬汁。

Betchou的小提示

* 北欧可丽饼这个名字诞生于斯堪的纳维亚海峡,而斯堪的纳维亚海峡是因为拥有界上最大的鲑鱼渔场而出名的。

普罗旺斯可丽饼

材料

（2 人份）

煎饼两张、五花肉 50g、香菇 30g、爱蒙塔尔奶酪若干、切好的荷兰芹 2 大勺、橄榄油若干

提前准备的事项

把香菇切成薄薄的片
把荷兰芹切好
把五花肉切成条状

难易度 ★☆☆

准备时间约 30 分钟

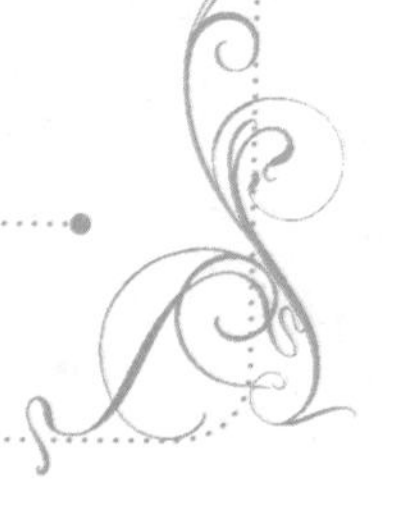

1. 准备好提前做好的煎饼（参考 26 页）。

2. 在完全烤热的锅里放上油后，清炒一下香菇，并用盐和胡椒来调一下味道。

3. 用中火把五花肉炒熟但不要炒糊，用盐和胡椒来调一下味道。

4. 干净的锅放到中火上后，用厨房专用纸巾或刷子把油抹到锅上。

5. 锅热到一定的程度后把火调到中小火，把煎饼放到上面，然后把没有散的鸡蛋放到煎饼上，即使蛋白先熟也要用木勺子轻轻地翻动边上的蛋白，使整个鸡蛋结成块。

6. 当鸡蛋熟到一定程度后，只在蛋黄部分撒上爱蒙塔尔奶酪。

7. 再把 2 和 3 放到上面，在煎饼两边恰当的位置把煎饼轻轻的折起来或不折就那样直接放到碟子里，然后在上面撒上切好的荷兰芹。

Betchou 的小提示

* 煎饼的原产地是一个叫布列塔尼的地方，我虽然没有直接在布列塔尼当地吃过煎饼，但我坚信煎饼的色彩就像布列塔尼的阳光一样迷人。

印度可丽饼

材料

（2 人份）

煎饼 2 张、鸡胸肉 50g、香菇 50g、洋葱 1 个、酸奶油 300ml、库玛椰粉（用咖喱粉代替也可以）1 大勺、爱蒙塔尔奶酪若干、切好的荷兰芹 2 大勺、橄榄油若干

提前准备的事项

把鸡胸肉切成勺子大小的块
把香菇切成薄薄的片
把洋葱切成丝
把荷兰芹切好

难易度 ★☆☆

准备时间约 15 分钟→烘焙时间约 3 分钟

1. 准备好提前做好的煎饼（参考 26 页）。

2. 把一定分量的酸奶油和库玛椰粉充分混合。

3. 用强火把抹完油的锅烧热后炒好洋葱。

4. 当洋葱的香味散发出来后把火调到中小火，再把鸡胸肉放入炒熟。

5. 把香菇也放入 4 内一起炒。

6. 鸡胸肉熟后，把 2 倒入锅里一起炖，当调味汁浓浓的时候把盐和胡椒倒入调咸淡。

7. 将另一个锅用中小火预热后，把一张煎饼放入，再把爱蒙塔尔奶酪撒到一半的煎饼上，一直等到奶酪融化为止。

8. 把煎饼折成一半后，把用调味汁腌好的鸡肉放到上面，然后把煎饼的两边折起来，再把荷兰芹撒到上面。

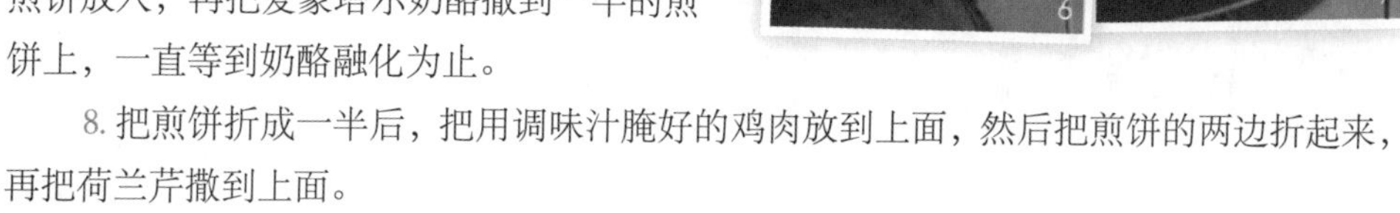

Betchou 的小提示

* 和咖喱十分搭配的印度可丽饼，再配上辣椒面或塔巴斯哥辣酱，味道堪称一绝，如果材料准备不足，撒上满满的胡椒粉吃起来也是很美味的。

油酥千层饼

材料

(6~8 人份)
煎饼 6~8 张、蟹棒肉 400g、鳄梨 3 个、蒜 1 勺、辣椒酱若干、柠檬汁 2 勺、盐若干、胡椒若干、孜然粉 2 勺（省略也可以）

提前准备的事项

把煎饼切成每张直径 20cm
把蟹肉棒撕切成两块

难易度 ★☆☆

准备时间约 30 分钟

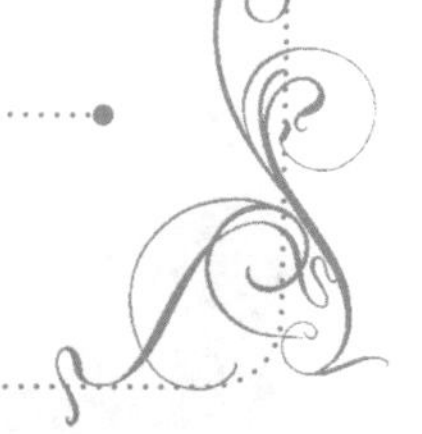

1. 准备好提前做好的煎饼（参考 26 页）。

2. 将鳄梨分成两半后，把种子除去，装到一个大的容器里用叉子或榨汁机制成原浆。

3. 把一定分量的蒜、辣椒酱、调味汁、柠檬汁、胡椒、孜然粉放入容器里完全混合。

4. 在准备好的碗里先铺上一张最大的煎饼，然后把 3 完全铺到煎饼上。

5. 把撕好的蟹棒肉轻轻地放到 4 上。

6. 慢慢积累起来，反复第 3~5 步，就做成了煎饼层。

Betchou 的小提示

* 和朋友一起做了整整一天吃饭用、甜点用的薄饼，嘻嘻哈哈一起享受美味的日子宛如神仙，当无穷无尽的薄饼馅料创意喷涌而出时，我们独有的舞会就开始了。

CRÊPERIE BEAUBOURG

可丽饼波布

谁都有那样的时候，在那一瞬间，认为自己什么都知道，自己什么都准备好了，而因此感到骄傲自满；在那一瞬间，就像脱轨的火车一样恍惚。

做了二十次之后说："有比我做的玛德琳蛋糕还好的人吗？叫我看一看。"这是在绞尽脑汁得想知道旁边蛋糕店制作玛德琳蛋糕的配方而不能入睡的时候。作为我的男人，最好的礼物是回答我"有比我更聪明的人吗？请说"。当别人大声地说"这个怎么样"时，对于那个提议，我会想"我当时为什么没有先想起来呢"，当我们因为这而感到伤心懊悔的时候，当你在真的很讨厌的那个人的日记里发现他的真心的时候……我们的整个人生都学会了谦虚。

在可丽饼波布里我第一次见到可丽饼的时候，就是我学会谦虚的那无数瞬间中的一次。每年的 7 月 14 是革命纪念日，我们因为这个好的借口就把这一天定为情侣出去会餐的日子。正常应该是男朋友几天前定好的西式饭店，我假装争不过他就跟着他过去了，"哎呀，亲爱的，什么时候知道的这个地方，"这都是让人听了起鸡皮疙瘩的广告语了，我们就是怀着那样浪漫的心情吃完了饭。

但是，那一天开始并不是这样子的，因为某位很忙的朋友，没有预约上和女朋友想要去的那家西式饭店，再加上想去的地方已经满座了，而恰好连想看的电影的预卖时间也错失了。

革命纪念日？我看应该是吵架纪念日，嘟嘟囔囔了好半天去的地方就是可丽饼波布。

那是一个在蓬皮杜现代美术馆附近，有现代气息的地方。那里像巴黎的街吧一样，没有秩序，相当混乱。7月的一个夜晚，在那个地方有同夏季的余热很相配的食物的味道。有眼睛都含着笑的美丽的服务员，还有那一天轻轻拍打的可丽饼的一个片段。

那时候应该是我第一次感受到没有帅气的内部装置反而感觉很好看，因为美术馆旁边的喷泉而让人感到很爽快，而我这不舒服了一天的目光就被那个吸引住了。

注：可丽饼波布是法国的一个店名。

Grêprie Beaubourg
2rue Brisemiche Paris 4
33(0)1 4277 6362

无论是谁 都有那样的时候，
像脱轨的火车一样
非常恍惚的一瞬间……

巴黎的家

不是在韩国而是在法国，不是在法国巴黎的咖啡馆而是在我家的电脑上上网时，我认识了一个被称为“美美”的人，而和她的见面是我完全没有预想到的。我和她的缘分来自于被称为“mademoiselle”的我的虚拟形象。而我很久之前就忘记了这件事了，直到一年后看到网上咖啡馆活动，更为诧异的是她竟然成为了新加入的会员。因为和她是同岁，所以很多兴趣相同，很偶然的是我们竟然都是长大后开始学习油彩。我们聊天的内容从我孤独的留学生活开始，到她的专业资格考试、减肥、烤饼、兴趣等日常生活小事，在这些主题转变的同时，她以“爱丽儿”、我以“betchou”这样的虚拟形象继续聊天。就那样我们时不时的联系一下。

因为房租便宜，我七年之间一直没有离开那又老又冷的公寓。而现在，我离开了那个公寓搬到了一个充满阳光、面积是原来的公寓 2 倍的新公寓。没想到听到这个消息爱丽儿竟然比我还兴奋。因为取得专科医生后会很忙，在这之前爱丽儿想和女儿一起去欧洲旅行，也给我传来了消息，“betchou 也想去吗？”正好那时思乡病正纠缠着我，我也没怎么犹豫就同意了。就像迎接寻找了 10 年的好朋友一样，我心情非常激动和忐忑。

就那样见到了爱丽儿，距离我们第一次在咖啡馆见面已经过了 3 年的时间了，我在巴黎的夏尔戴高航空港见到了她和她的女儿，并且和她们在一起度过了不超过两周的时间。大部分来巴黎的游客都会去埃菲尔铁塔、卢浮宫等地方，而我们和她们不同，在这 3 天 2 夜的巴黎日程中，我们去了我家附近的公园，在哪里可以睡午觉。还坐火车去了德国国情城市斯特拉斯堡，并且在那里我做了烤饼干，我们也充分享受了这 3 天的时间。留下她那一直寻找妈妈的女儿独自睡觉，我们一直熬夜到凌晨。我大学毕业旅行后再也找不到这样珍贵的时间了。20 岁的时候因为欧洲留学连最为亲近朋友的婚礼都错过了，而她送给了我一份宝石一样珍贵的礼物。

在她离开后，我的心里也产生了一些变化。我知道即使再好的网上朋友也是缺乏真心和没有珍重感的，无论是谁只和一位聊的话会变得亲近，但和10位一起聊的话就失去了那种轻松的空间。但爱丽儿对我来说，既是商谈复杂心理问题的专家，同时也是能够分担我些许忧愁的朋友，而我同时获得了这两种帮助。

在那之后，像她这样一直联系的还有在我家居住过的漂亮妹妹“申爱”和“瑟”。“去巴黎的话，给姐姐带什么好呢？”不用费神，相见的话好好聊一下就可以了。巴黎总是如此地帅气和干净利落，它有温馨暖和的小宾馆，通过它们不知道我的愿望可不可以变成现实。

小麦可丽饼

材料

（2~3 人份）

煎饼 4 张、砂糖 50g、桂皮粉若干

难易度 ★☆☆

准备时间约 5 分钟→烘焙时间 30 分钟→冷藏保管 1 小时

1. 根据制作煎饼的 2 种方法（参考 27，28 页）用和好的面做好煎饼。
2. 煎饼烤热以后撒上糖，折成 4 等分就可以吃了。

Betchou 的小提示

* 在锅里融化少量的奶油再加热煎饼的话会感觉煎饼的味道更好了。用果酱或柠檬汁代替砂糖撒到煎饼上也很好。

法式火焰可丽饼

材料

(2~3 人份)

煎饼 2~3 张、砂糖 100g、无盐奶油 60g、橙子半个、柠檬半个、金万利甜酒（朗姆酒代替也可以）1 大勺

提前准备的事项

制作出橙皮或柠檬皮后做成汁

难易度 ★☆☆

准备时间约 13 分钟

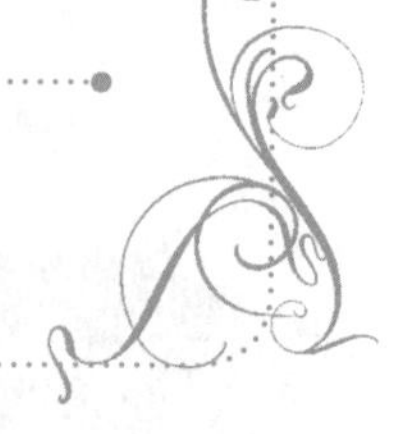

1. 制作最基本原浆的时候（参考第 26 页）加入 2 大勺蜂蜜，原浆用面粉来准备就行。

2. 在奶油锅里放入一定分量的糖和一大勺水一起煮。

3. 把砂糖煮成浓浓的糖果色后，把所有的奶油放入一直煮到奶油融化。

4. 把橙皮、柠檬皮、果汁和金万利甜酒放入锅中充分混合，使其成温温的。

3

4

5. 把煎饼折成 4 等分铺到碟子里，把 4 厚厚地放到煎饼上。

Betchou 的小提示

* 法式火焰可丽饼热的时候吃才有味道，放入调味汁装到小的容器里密封起来即可。
* 再一次拿出来吃的时候最好放到电饼铛里微微热一下再吃。

巧克力 & 香蕉可丽饼

材料

（3~4 人份）

煎饼 3~4 张、香蕉 2 个、巧克力 100g、鲜奶油 3 大勺、黄油 10g

提前准备的事项

把巧克力稍微地融化一下

把香蕉切成片

难易度 ★☆☆

准备时间约 3~10 分钟→加热时间 3 分钟

1. 把牛奶煎饼（参考第 27 页）里的盐减少 1/2，或者准备用面粉做的煎饼面。
2. 把 1/2 的鲜奶油放到电饼铛或牛奶锅里煮。
3. 把准备好的一点巧克力放到鲜奶油里使之融化，将它们没有结块地混合在一起后，再把剩下的鲜奶油也倒入充分搅拌。
4. 把黄油倒入后就做成了有韧性的巧克力奶油。
5. 把一定分量的煎饼折好后直接放在碟子上，然后再烤一下就可以了。

Betchou 的小提示

* 如果觉得巧克力奶油的制作过程很繁琐，用外面销售的花生酱或巧克力酱代替也很好。一杯浓咖啡再加上鲜奶油一起 ，即使在寒冷的冬天也让人觉得暖暖的。

无花果可丽饼

材料

（2 人份）

煎饼 2 张、无花果（中）4 个、黑巧克力 40~50g、荷兰芹或水芹菜 4 根

提前准备的事项

把无花果轻轻地洗干净去水后，再切成两半

把荷兰芹切成段用水洗干净之后去水

难易度 ★☆☆

准备时间约 10 分钟→加热时间 15 分钟

1. 准备面粉（参考 27 页）。
2. 把烤箱预热到 120℃。
3. 把混合好的 2 个无花果和 25g 巧克力放到煎饼上。
4. 把向四边铺开的煎饼聚到中间抓起来，放到开水中焯一下，用荷兰芹轻轻地把口捆起来。
5. 把捆好的小袋子放到烤箱专用容器里，然后在烤箱里加热 15 分钟。

Betchou 的小提示

* 在烤箱里加热后，如果荷兰芹热了，就用一个新的重新捆一次。用苹果或腌好的杏来代替无花果也很好。如果在上面放一勺硬硬的酸奶油或香子兰味的冰淇淋，就可以感受到那种冷热交替的味道了。

浆果可丽饼

材料

（2人份）

煎饼2张、红色的应季水果（草莓、鲜草莓、蓝莓等）、红色的水果酱3大勺、马士卡彭乳酪3大勺、鲜奶油

提前准备的事项

将水果用自来水洗干净后晾干

难易度 ★☆☆

准备时间约10分钟

1. 准备面粉（参考第27页）。
2. 在煎饼上抹上酱。
3. 再抹上马士卡彭乳酪。
4. 把准备好的适量的鲜水果放到上面，折成合适的样子。

2

Betchou 的小提示

* 通过调节奶油和水果酱的量不仅可以降低卡路里的含量，也可以使我们感受到新鲜水果特有的香味。

Mora

因为想学制作糕点的技巧，我去了世界上最热情的国家——法国，乘上了飞往法国的飞机，发现已经满座了。对于糕点制作的新手来说，法国好像是最为常去的地方。把首尔分散的市场都聚集在一个最为有效率的地方，这是一件很难办的事。法国是一个全世界有名无名的厨师、实习生、新手全部都知道的一个地方，所以不管你对它了解了多少，巴黎卖场都会是一个将你的失望降到最低的地方。

但真正让你觉得最惊叹的不是规模的大小而是内容。被称为美食家天堂的法国，厨师们筛选出的食材的种类，质量、价格等方面同其他地方相比都具有很大的优越性。最具诱惑力的是如果大批量购买的话，会有很大的价格优惠，把糕点作为你平生的目标而去法国旅行时，与埃菲尔铁塔相比，Mora 是最先值得寻找的。

Part 5

入口香甜的迷人蛋糕

第一口是干干脆脆的感觉，之后紧接而来的是入口即化又带有甜香味。这种味道的变化好像能让我们联想到带着面纱的美貌乡村少女，而它的奥妙就在于此。

迷你玛德琳蛋糕

材料

(28 人份)

鸡蛋 2 个、砂糖 140g、低筋粉 150g、(制作点心用的)发酵粉 5g、无盐奶油 120g、牛奶 2 大勺、巧克力芯片 50g

提前准备的事项

将低筋粉、发酵粉撒到箩里过滤一下

把无盐奶油放到微波炉里加热融化

难易度 ★☆☆

准备时间约 10 分钟→冷藏保管约 30 分钟 →烘焙时间 6~10 分钟

1. 把鸡蛋放到容器里用手提式搅拌机搅开结块后放入砂糖继续搅拌，将和好的面浆倒入容器继续搅拌，直到面浆里的结块消失。

2. 将箩里的低筋粉和发酵粉，融化的奶油以及牛奶依次放入 1 中继续搅拌，这样玛德琳蛋糕浆就制作完成了。

3. 可以依据自己的爱好加入巧克力芯片、干水果、绿茶粉等其他材料，这样就制成了多种味道的玛德琳蛋糕浆。

4. 用箔纸把容器盖住后冷藏保管 30~50 分钟，然后把烤箱预热到 210℃。

5. 在玛德琳蛋糕模具里面抹上融化的奶油后，用勺子将 4 中的蛋糕浆盛起来装到模具里，注意不要装满，装到 80% 就可以了。

6. 把 5 放入烤箱，大约 3 分钟后把旋钮调到 180℃，之后再烘焙 3~6 分钟。

Betchou 的小提示

* 制作一般大小的玛德琳蛋糕时，应把同样的蛋糕浆放入袋子中，摇动一下。把玛德琳调味汁晾一会，当它还温热的时候密封起来，过一会就可以吃了。

可露丽

材料

(8 人份)

牛奶 250ml、无盐奶油 30g、鸡蛋一个、蛋黄一个、黄雪糖 120g、低筋粉 50g、盐若干、朗姆酒 2 大勺、香子兰茎 1 个、烧烤用的黄油 10g

提前准备的事项

将低筋粉撒到箩里过滤一下

将香子兰的茎切成段并且削干净放在一起

难易度 ★☆☆

准备时间约 15 分钟→冷藏保管 6 小时以上→烘焙时间约 1 小时

1. 把一定分量的牛奶和奶油装到锅里用中火加热融化，刚开始沸腾时就把锅直接从火上拿下来。

2. 将鸡蛋蛋黄和黄雪糖装入干净的容器里充分混合，一直搅拌到里面的混合浆可以流动为止。

3. 将低筋粉放入 2 中，再将混合均匀后的 1 慢慢倒入 2 中，之后继续搅拌使之不能凝结成块。

4. 用保鲜膜盖住容器的表面冷藏保管 6 小时以上，将烤箱预热到 260℃。

5. 在模具里面仔仔细细地涂上黄油，将朗姆酒和香子兰茎放入 4 中的浆中充分搅拌就完成了。

6. 将和好的浆倒入模具中，装到模具的 80% 就可以了，然后再把模具放到烤箱内，烘焙 10 分钟左右之后将温度调到 180℃，然后再烘焙 50 分钟左右即可。

Betchou 的小提示

* 为了制作出可露丽最正统的味道，香子兰茎、朗姆酒和砂糖是必不可少的材料，虽然一些材料在其他的美食配方中是可选项，但在可露丽的制作中是不可缺少的。

杏仁小蛋糕

材料

（径长 1cm，12~15 人份）

无盐奶油 70g、杏仁粉 65g、糖粉 110g、低筋粉 27g、鸡蛋蛋白 4 个、干杏 25g、草莓（冷冻的水果也可以）25g、抹茶粉 5g、可可粉 25g、黄油（烧烤用）若干

提前准备的事项

将鸡蛋拿出放到室温下

将低筋粉撒到箩里过滤一下

将烧烤用的奶油涂到专用模具上

把鸡蛋蛋白完全搅开

难易度 ★☆☆

准备时间 35 分钟→烘焙时间大约 6~8 小时

1. 把无盐奶油放到锅里，直到将其煮成糖色为止。

2. 将杏仁粉、糖粉、过滤好的低筋粉全部倒入容器里充分混合，然后将蛋白装入另一个容器里，一直搅拌到出现泡沫为止。

3. 将出现泡沫的蛋白倒入装有各种粉状材料的容器里充分混合。

4. 煮一会后将过滤的奶油倒入 3 中，把烤箱预热到 210℃。

5. 将蛋糕面浆分成能够装入相同容器的三等份。

6. 第一个容器中放入最基本的杏仁小蛋糕面浆，第二个中加入可可粉，第三个中再加入抹茶粉，分别将它们充分混合搅拌均匀。

7. 在杏仁小蛋糕模具里涂上奶油，然后将三种浆分别密封后装入模具中。每个模具中装 80% 就可以了，剩下的部分用干杏、草莓等来装饰。

8. 将 7 中的浆放入预热好的烤箱中，烘焙 6~8 分钟后拿出晾一会，再密封 1 小时左右就可以吃了。

Betchou 的小提示

* 用冷冻的水果来代替草莓也是可以的。
* 虽然和玛德琳蛋糕的制作相似，但是它们是不同种类的蛋糕。如果在和面时加入杏仁粉，味道会更可口。

巴黎故事：

杏仁小蛋糕的故事

法国的点心都是用相似的材料做成的，如果不知道它的意思，只知道怎样吃的话，很多时候都会把这个看成那个，把那个认成这个。更准确地说是同意思相比，只有知道它们的材料所具有的含义，对于它们的名字才会理解得更为准确。

被称为美食家天堂的法国，对于同饮食文化相关联的名称的细化程度让人感到惊讶。即使漏掉一种材料或多加一种材料，制作出来的各种料理都具有它们独立的名字。在大小和味道方面都很相似的玛德琳蛋糕和杏仁小蛋糕之间的差异就是最好的例子。因为在玛德琳蛋糕中没有杏仁粉，而在杏仁小蛋糕中杏仁粉却占据了超过 16% 的比例。更为有趣的一点是把作为高级食材的杏仁粉加入到杏仁小蛋糕中，在词典中竟然是“财力和金融”的意思。

“同杏仁小蛋糕相比我更喜欢玛德琳蛋糕的味道。”对于这句话我丈夫的回答是相当法式的说法：“什么话啊，同只有面粉的玛德琳蛋糕相比散发着杏仁粉香味的杏仁小蛋糕无论是味道上还是视感上都更为高级。”一个一次都没有尝过杏仁小蛋糕的人就下了这样的评论，好像自己是真正的“具有审美眼光的法国人”一样。

材料

（径长 10cm，10 人份）
牛奶 110ml、无盐奶油 110g、砂糖 1 大勺、低筋粉 150g、蛋白 1 个、盐若干、烧烤用橄榄油若干

提前准备的事项

将无盐奶油切成六角形
将低筋粉撒到箩里过滤一下

难易度 ★☆☆

准备时间约 20 分钟→冷藏保管 1 小时→烘焙时间约 30 分钟

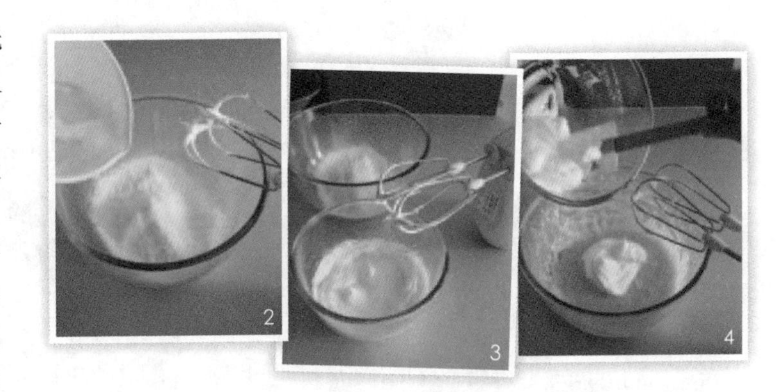

1. 把牛奶、无盐奶油和砂糖装入锅中，用中火煮一直煮到他们慢慢融化。

2. 把过滤好的低筋粉装到容器里，将 1 慢慢地倒入容器中，一直搅拌到没有结块为止。

3. 准备好另一个没有水的容器，把蛋白放入后用手提式搅拌机搅拌，一直到出现泡沫为止，最后弄成尖尖的样子。

4. 将蛋白甜饼分成 2~3 份倒入 2 的容器中搅拌均匀，这样华夫面浆就制作完成了。

5. 用保鲜膜盖住容器的表面冷藏保管 1 小时以上，如果能在冷藏室里放一天就更好了。

6. 在华夫器里面涂上橄榄油，从冷藏后的 5 中盛 1/2~1 汤勺面浆装入华夫器中，烘焙 2~3 分钟后拿出，等松饼温热的时候就可以吃了。

Betchou 的小提示

* “Gaufre 松饼”是法式的华夫。在法国的家庭中，“Gaufre 松饼”常用蛋白甜饼面来做。

翻糖柠檬

材料

（6 人份）

鸡蛋 2 个、无盐奶油 60g、鲜奶油 100g、低筋粉 400g、（制作点心用的）发酵粉 6g、黄雪糖 250g、酸橙 2 个、柠檬汁 1 大勺

柠檬奶油：无盐奶油 50g、砂糖 75g、柠檬汁 1 人份、鸡蛋 1 个、淀粉 12g

提前准备的事项

把酸橙剥出橙皮并制作橙汁

柠檬汁可以省略

把鸡蛋（做面浆用）搅开

难易度 ★★☆

准备约 20 分钟→冷藏保管约 1 小时→烘焙 10 分钟

1. 在锅里放入翻糖柠檬专用奶油、砂糖和柠檬汁，用小火煮。

2. 待奶油熔化后将锅从火上拿下来，再依次放入鸡蛋和淀粉搅拌均匀后，放在温室下冷凉。

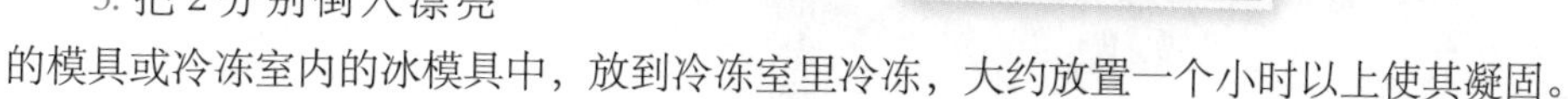

3. 把 2 分别倒入漂亮的模具或冷冻室内的冰模具中，放到冷冻室里冷冻，大约放置一个小时以上使其凝固。

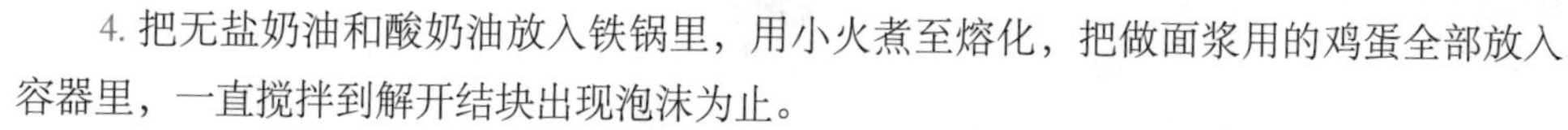

4. 把无盐奶油和酸奶油放入铁锅里，用小火煮至熔化，把做面浆用的鸡蛋全部放入容器里，一直搅拌到解开结块出现泡沫为止。

5. 把过滤过的低筋粉和发酵粉依次放入干净的容器中充分混合，然后再把搅拌好的鸡蛋和 4 依次放入容器中充分混合。

6. 将酸橙皮、橙汁以及柠檬汁依次放入 5 中，搅拌后就做成了翻糖柠檬的浆。

7. 将 3 从模具中分离出来，此时面浆是硬硬的但没有结冰。

8. 把烤箱预热到 180℃，把 6 中的浆倒入模具中，倒入 40% 的程度就可以了。

9. 将 7 中的硬硬的面浆一个个放入模具中，再把剩下的面浆倒入装到 80% 就可以了。

10. 把 9 中的模具放入预热的烤箱中，再烘焙 10 分钟左右就完成了。

Betchou 的小提示

* Faondant 是带有“融化”之意的法语。当主角是巧克力时，就会成为“融化的巧克力”；当主角是柠檬时，它又变为“融化的柠檬”。
* 把柠檬馅从蛋糕中取出时，用比较尖的叉子会更方便。

布蒂穆朗宾馆

“现在什么都知道”，“现在无论什么都不能使我感动”，当从说了这些话的人那里发现他们面貌一新的时候，你会觉得像魔法一样令人感到非常神奇。对于“我从来都不曾知道的样子”，虽然有那样的时候，但感觉很遥远，好像只有恋爱初期才分泌的荷尔蒙又重新恢复生产后一样激动，“什么，这就是那个呀！”

如果说世界上最帅的男人是法国人的话，通过我仔细的观察，发现他们的魅力是能够真正地、完全地同无聊的生活融合到一起。而在这个地方，尤其是布蒂穆朗宾馆，你可以源源不断地感受到这种魅力。

距宾馆不远的地方，住着设计师克里斯汀·拉克罗娃，克里斯汀着迷于这个地

方悠久的历史，在一次偶然访问的时候曾建议过这个地方的室内装修风格，于是客厅在17位设计师的手中完全变了样，而这个地方就发展成了一个吵吵嚷嚷的大众传媒。

Hotel du Petit Moulin
29/31rueduPoitou,75003PARIS
33(0)142741010

布蒂穆朗作为奢华的四星级宾馆，它的外观很朴素，怎么看也不是很引人注目，但正如我们所知道的那样，16世纪巴黎最早的面包房在这里开业，这里同时也是联合国教科文组织认定的建筑文物。老旧的天花板和地板虽然经过了一些安全保修工程，但为了纪念悠久历史的变革，这里最大限度地维持了原貌。由于1942年的罗马世界博览会未能如期举办，且这里标准间的价格最为廉价，因此日本、美国、英国等地的发烧友们自发在这里聚焦了3个月进行各种贸易、文化交流，结束了开始计划的罗马世界博览会之旅。不要说这里异常热情的黑人警卫了，就连温暖的前厅都能让人联想到外婆的热情接待，因此，我们不可能不进去游览一番。

女主人纳贾·穆拉劳为了再现蒙得里安的风格，直接用设计的椅子来组成装饰宾馆。坐在这样的宾馆里喝一口咖啡，好像一瞬间自己就成了这个城市的中心，并且被吸引着倾听历经了5个世纪沉淀下来的令人感动的故事。

布朗尼黄油花生米

材料

（直径 6cm，12 人份）

黑巧克力 100g、无盐奶油 90g、黄雪糖 175g、鸡蛋 2 个、低筋粉 60g、香子兰茎 1 个、可可粉 20g、（制点心用）发酵粉 10g、花生奶油 60g、装饰的杏仁若干

提前准备的事项

将黑巧克力切好放好

将香子兰的茎切成段并且削干净放在一起

将布朗尼模具用羊皮纸铺好

难易度 ★☆☆

准备时间约 20 分钟→烘焙时间约 50 分钟

1. 把黑巧克力和奶油装入锅中加热融化，注意不要烧糊了。

2. 把一定分量的鸡蛋和香子兰茎依次放入 1 中，混合均匀。

3. 把 2 移装到一个大容器里，把准备好的所有粉类材料全部装入容器中充分混合。

4. 将 2 勺和好的面浆和花生油混合在一起，此时，所有混合材料的总重应达到 80g。

5. 把烤箱预热到 180~190℃，将 3 中的巧克力浆倒入用羊皮纸铺好的布朗尼模具中，并把表面平整好。

6. 在 5 的表面铺一层薄薄的 4 中的花生奶油浆，并且将表面用杏仁粉装饰后再放到烤箱中烘焙 45~50 分钟左右后拿出来就制作完成了。

Betchou 的小提示

* 想把杏仁放入面浆里的时候应把杏仁粉碎后再放入与之充分混合，整块放入的话所做的布朗尼容易散乱。
* 把蛋糕就那样放着的话，切割的那一面容易变干，视感上的效果会变差，所以应用羊皮纸包装后再放入储藏容器里保管。

大理石蛋糕

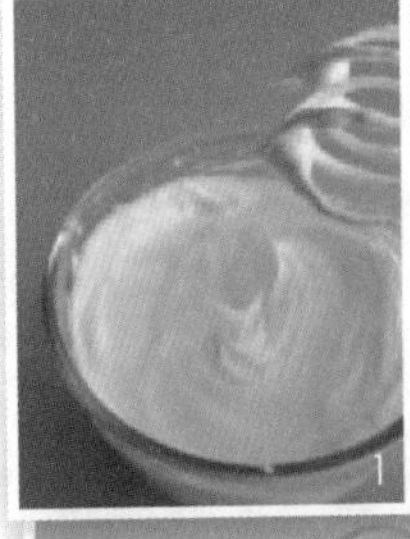

材料

（长 128cm，1 人份）

鸡蛋 3 个、砂糖 150g、无盐奶油 150g、低筋粉 150g、盐若干、香子兰精华素 1 大勺、黄油 10g

巧克力奶油（150g 分量）黑巧克力、无盐奶油 30g、可可粉 20g、巧克力奶油（花生酱）40g

提前准备的事项

将无盐奶油切成六角形

将可可粉、低筋粉分别过滤并装好

将蛋白和蛋黄分开

难易度 ★☆☆

准备时间约 20 分钟→冷藏保管约 1 小时→烘焙时间约 40~50 分钟

1. 将盐放入蛋白中用手提式搅拌机充分搅拌后做成有劲道的蛋白甜饼。

2. 把蛋白和砂糖放入另一个容器里，用手提式搅拌机充分搅拌 4~5 分钟，一直搅拌到颜色变为奶油色为止。

3. 将香子兰精华素放入 2 中完全混合，也可以不放香子兰精华素。

4. 把制作面浆用的无盐奶油放入锅里用小火熔化。

5. 将融化后的奶油慢慢地倒入 3 中充分混合，此时把过滤好的低筋粉倒入充分混合。

6. 将蛋白甜饼分成 2~3 份倒入 5 中混合，将做完的面浆倒出 1/3 左右放到另外的容器里。

7. 在 6 中倒出的 1/3 分量的面浆里，放入做巧克力奶油用的可可粉之后冷藏保管起来。

8. 将做奶油用的黑巧克力和黄油装入锅中用小火熔化，把锅从火上拿下来后再放入巧克力奶油，使其充分熔化。

9. 将 8 中的巧克力奶油放入 7 中的面浆中混合均匀。

10. 在蛋糕专用模具中涂上表面覆盖用的奶油后，将两种和好的面浆依次装入模具中，用勺子或竹签搅拌出大理石花纹。

11. 保鲜膜覆盖到 10 的模具表面冷藏保管 1 小时，把烤箱预热到 180℃。

12. 将蛋糕模具放到烤箱中，烘焙 40~50 分钟，用竹签扎一下，当里面的面浆不再流出来时，就可以将其从烤箱里拿出来了。

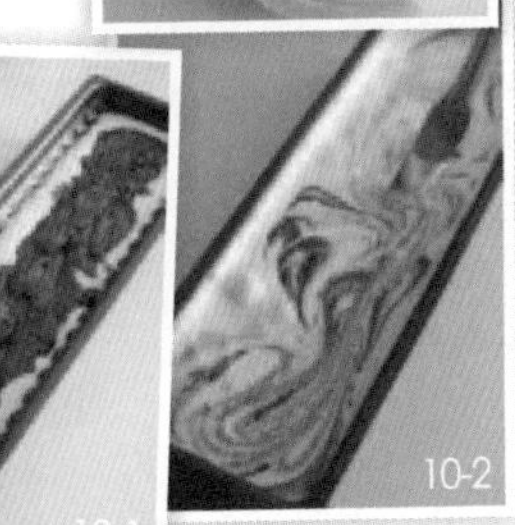

Betchou 的小提示

* 虽然我没有孩子，但是每当下雨的时候，我会做这种面包。

杏仁挞

材料

（直径 10cm，4 人份）

杏仁蛋挞低筋粉 200g、切好的无盐奶油 120g、糖粉 70g、杏仁粉 25g、盐若干、香子兰茎若干、鸡蛋一个、橙子半个、feeling cream 酸奶油 20g（脂肪含量 30% 以上）、板明胶半张、马斯卡奶酪 125g、砂糖 45g、装饰草莓 100g

提前准备的事项

将马斯卡奶酪拿到室温下

将酸奶油冷藏保管 1 小时以上

将草莓柄去掉，用自来水洗干净后去水

难易度 ★☆☆

准备时间约 30 分钟

1. 在制作馅饼 1 小时之前，先把直径为 10cm 大小的蛋挞烤上。

2. 把板明胶放入凉水中，泡涨之后挤出里面的水分。

3. 把鲜奶油和 10g 砂糖放入锅中，用小火加热，如果奶油开始沸腾就把锅直接从火上拿下来，把挤干净水的板明胶放入里面充分混合。

4. 把 3 中的奶油放到室温下完全冷却。

5. 将马斯卡夫奶酪装到干净的容器中一直搅拌到结块完全解开出现泡沫之后，再加入 35g 砂糖充分混合。

6. 将过滤之后的 4 的奶油放入到 5 中混合均匀后就完成了。

7. 将 6 中的奶油奶酪装入烤好的蛋挞里面一半，另一半用劈开的草莓来装饰。

8. 再涂上砂糖就完成了，冷藏保管 30 分钟以上后，凉凉的时候就可以吃了。

Betchou 的小提示

* 对于 4 月过生日的我来说，当季的草莓就像我的双胞胎妹妹一样多情而美丽。我那有着樱桃小口的妹妹不喜欢吃挞，但是对我做的杏仁挞却爱不释手，不是因为我的实力，而是因为我双胞胎妹妹——草莓太诱人了。

材料

（径长 28cm，1 人份）

基本的蛋挞低筋粉 250g、切好的无盐奶油 125g、盐若干、凉牛奶 4 大勺、砂糖 1~2 勺、柠檬皮若干

杏仁奶油：无盐奶油 90g、黄雪糖 110g、香子兰茎 1 个、鸡蛋一个、低筋粉 1 大勺、杏仁粉 100g

提前准备的事项

将做 feeling cream 奶油用的黄油、鸡蛋拿到室温下

将香子兰的茎切成段并且削干净放在一起

可以用冷冻制品代替浆果类，应提前两小时放到室温下

用箩把低筋粉过滤好

难易度 ★☆☆

准备时间约 45 分钟

1. 制作馅饼前 1 小时烘焙出符合方形模具模样的蛋挞。

2. 把杏仁奶油专用的无糖奶油和黄雪糖，放入容器内用打蛋器搅拌，待其呈奶油状态时放入香子兰茎充分混合。

3. 将鸡蛋放入 2 中混合均匀，再把杏仁粉和过滤好的低筋粉放入其中充分混合。

4. 将烤箱预热到 180℃，将 3 中的杏仁粉奶油充足地填入烤好的蛋挞中。

5. 将一定分量的浆果类除去水分后仅取其 1/3 左右放到 4 的奶油上面，再烘焙 25 分钟左右。

6. 将 5 放到冷却网上待其变凉后再冷藏保管 1 小时左右，将剩下的水果全部放到上面，再把砂糖撒到上面就制作完成了。

Betchou 的小提示

* 在放入浆果类水果后，大致烘焙 20 分钟的时候，如果果汁烘干了的话，再烘焙 10 分钟左右除去水汽即可。

柠檬水果挞

材料

（直径 25cm，4~6 份）

挞皮：低筋面粉 250g、切好的无盐黄油 125g、盐若干、水 4 大勺、白砂糖 1 大勺

柠檬奶油：鸡蛋 3 个、白砂糖 170g、柠檬汁 115g（约 4 份）、淀粉 5g、无盐黄油 150g、柠檬 1 个、板明胶 2 张

酥皮饼干：蛋白 3 份、白砂糖 165g、淀粉 1 大勺、果醋 1 小勺、香草干 1 个

装饰：柠檬皮若干

提前准备的事项

柠檬去皮榨汁（115g）

可以用 2 小勺果酒（利口酒）代替果醋

香草干切开掏空，将果肉取出放在一起

将无盐黄油（做奶油用的）切成六角形

板明胶放入冷水中浸泡后取出，蒸发掉水分

难易度 ★☆☆

奶油，酥皮饼干的准备时间约 70 分钟→烘焙时间约 6~10 分钟

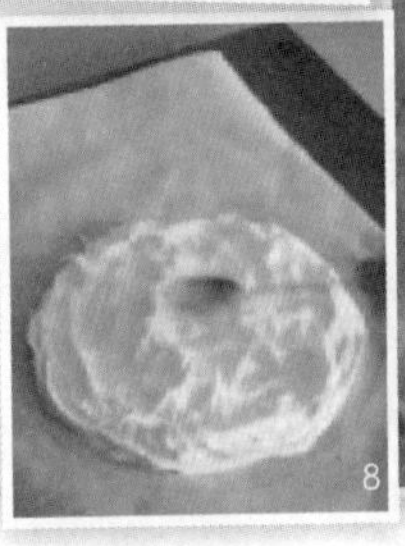
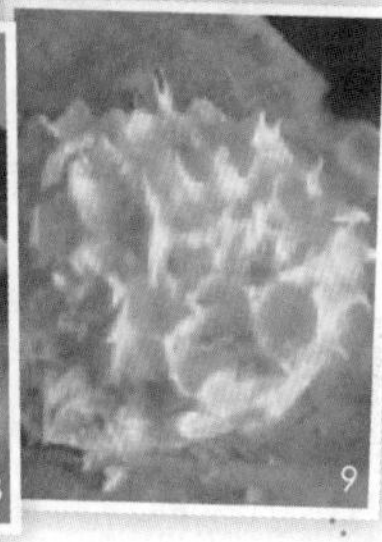

1. 提前 2 小时做好挞皮并烘焙（参考 22 页）。

2. 将做柠檬奶油的鸡蛋放入一个较大的容器搅拌均匀，再放入白砂糖，柠檬汁，淀粉继续搅拌，以防凝结成一团。

3. 待步骤 2 搅拌均匀后，将其放入牛奶饼铛，用中火加热，咕噜咕噜沸腾后，将无盐黄油放入熔化，接着放入准备好的板明胶搅拌均匀，放置 10 分钟左右冷却。

4. 将步骤 3 搅拌均匀，柠檬奶油就做成了。

5. 将柠檬奶油均匀倒入已经准备做好的挞皮中，在冷藏室放置约 1 小时，使其凝固。

6. 在柠檬奶油冷冻期间，将做酥皮饼干的蛋白放入一个干净的容器，用手提式搅拌机搅拌均匀。

7. 向步骤 6 中的容器里依次放入少量的白砂糖，玉米淀粉，果醋和香草干，搅拌均匀，做成边沿尖尖的酥皮。

8. 将烤箱预热到 120℃，在烤箱饼铛上铺上羊皮纸。把羊皮纸裁成自己喜欢的大小，然后放上酥皮，用手整理成型。

9. 在步骤 8 中的酥皮上稍微撒些准备好的柠檬皮，烘焙约 40~50 分钟后，放入冷藏室完全冷却。

10. 从冷藏室取出后，将在步骤 5 中完成的挞放在步骤 9 中做好的酥皮上，就完成了。

Betchou 的小提示

* 将爽到让人全身战栗的柠檬、糖块同蛋白甜饼中甜甜的味道相调和，真是达到极致的美食配方啊！虽然对于想保持 S 曲线的女性来说这属于红色警报，但食用不含有蛋白甜饼的柠檬挞也是可以的。

芒果挞

材料

(直径18cm~20cm，4~6份)

挞皮：低筋面粉125g、无盐黄油62g、盐若干、水2大勺、白砂糖半大勺

淡奶油：奶油奶酪75g、白砂糖30g、鲜奶油12g、蛋黄1份、柠檬汁3g、淀粉4g、香草干半个、酸奶油50g

酥皮：蛋白1份、白砂糖10g

芒果果冻：芒果2个、白砂糖2大勺、柠檬汁20g、板明胶2张

装饰：浆果、新鲜水果、开心果若干

提前准备的事项

准备脂肪含量达30%以上的酸奶油

柠檬汁可以用5g的果酒来代替，柠檬去皮榨汁

香草干切开掏空，将果肉取出放在一起

芒果取其果肉，淀粉过筛放置备用，无盐黄油切成六角形

难易度 ★☆☆

奶油，果冻准备工作约60分钟→烘焙约30分钟→冷冻约1小时

Betchou的小提示

* 在烤好的挞上涂上蛋黄后，再烤一下的话会呈现酥脆的口感。
* 使用比较有深度的挞模具，可以盛装充足的奶油和芒果果冻，这样奶油，果冻和水果的味道就会又浓又香。

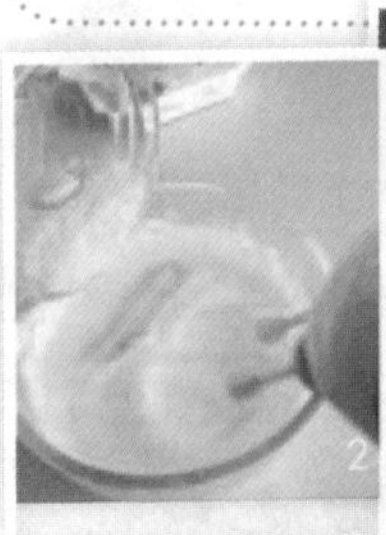
2

3

8-2

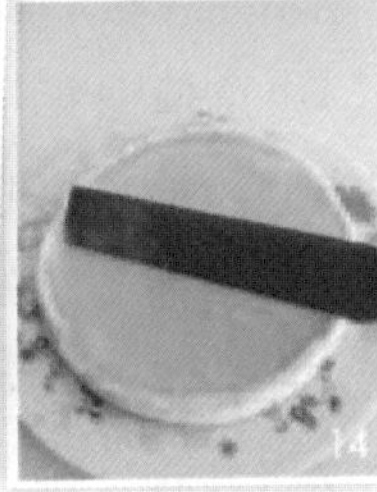
14

1. 提前2小时做好挞皮并烘焙(参考22页)。

2. 将做淡奶油的奶油奶酪放入容器，用打蛋器打匀，再分别放入20g的白砂糖和鲜奶油搅拌均匀。

3. 接着向步骤2的容器里依次放入蛋黄，柠檬汁，筛好的淀粉和香草干搅拌均匀。

4. 取一新容器，放入酸牛奶和10g白砂糖开始打奶油，打到提起打蛋器有小弯钩即可。然后再取少量步骤3中的奶油放入容器，搅拌均匀。

5. 将做酥皮的蛋白放入另一干燥容器，再放入少量白砂糖搅拌均匀，就做成了稍微起弯儿的酥皮。

6. 将步骤5中的酥皮分2~3次放入步骤4中的奶油，搅拌均匀。这样，淡奶油就制作完成了。

7. 将烤箱预热到200℃，并放入盛有水的烤碗加热增加水蒸气。

8. 在挞皮底部用毛笔轻轻涂上蛋黄，将步骤6中2/3的淡奶油倒入挞皮。

9. 将做好的挞放入烤箱，温度调到180℃，烘焙约30分钟取出，充分冷却，然后放入冷藏室稍微冷冻。

10. 在挞冷却的同时，将做芒果果冻的板明胶浸泡入冷水中，泡3分钟膨胀后，取出将水分蒸发掉。

11. 用搅拌机搅碎芒果果肉，盛入饼铛中用中火加热，沸腾后依次放入白砂糖和柠檬汁，轻轻搅拌，关火。

12. 在冷却之前倒入细筛分离汁和纤维质。

13. 向步骤12中放入干燥的板明胶，放置室内10分钟以上。

14. 待芒果果冻微凉时，从冷藏室取出挞，将果冻倒入挞内，使果冻充分铺满挞面，然后弄平整。

15. 用水果和无花果适当装饰后，放置冷藏室2小时使果冻凝固，就完成了。

馥颂（Fauchon）

不知为什么，不管女人们撞多少次南墙，她们总是妄想着自己不会衰老，能够永葆青春。

总憧憬着年轻的岁月，既拥有强烈的自尊心又拥有像花苞一样脆弱而敏感的内心，既忘不掉第一次品尝咖啡的香甜，同时却又沉浸在比中药还要苦的意大利特浓咖啡的意境中带着苦涩的微笑……能酝酿出这种气氛却又表里不一的人就是女人。

去巴黎旅行的女人们，都会去奢侈品之家——馥颂，这是个无法避开女人们可爱虚荣心的地方，也是拥有引领布日尔和饮食产业的一系列龙头店铺的有名之地。除了口碑，传统（历史），味道之外，这里产品的艺术价值也让人对于值得信赖的国际知名品牌馥颂挑不出缺点。馥颂的厨师

FAUCHON
FAUCHON
FAUCHON
FAUCHON
PARIS
AUTOMNE

们天天用在法国很难买到的各种香料、高级茶、贵重的食材等做出像艺术品一样的糕点，每天都兜售一空。

韩国的猫腰舞在巴黎流行的时期，1 块半个巴掌大的蛋糕需要 7 欧元，而知道这是个既可笑又奢侈的价格，却依然去店里买蛋糕的女人被称为大酱女（爱慕虚荣的女性），这是很贴切的比喻。每个季度，厨师们都会不断研制、推出新型的馥颂蛋糕，开心果覆盆子挞是最基本的，它的问世是在向人们传达“快来馥颂吧！这里有受大家欢迎的可以作为礼物送给朋友的杏仁饼，请笑纳。”

馥颂 巴黎
巴黎第八区马德琳 26 号
33(0)1 70 39 38 00

菠萝（凤梨）挞

材料

(直径 20cm~23cm，4~6 份)

杏仁挞皮：低筋面粉 200g、切好的黄油 120g、糖粉 70g、杏仁粉 25g、盐若干、香草干半个、鸡蛋 1 个、橘子半个

香子兰水：香子兰 1 个、水 4 大勺

烤菠萝：菠萝罐头 2 个、菠萝汁 200ml、白砂糖 100g、橘子汁 1 份、朗姆酒 1 大勺

椰子奶油：无盐黄油 4g、白砂糖 40g、椰子粉 50g、淀粉 5g、鸡蛋半个、朗姆酒 1 小勺、鲜牛奶 120ml

提前准备的事项

香草干切开掏空，将果肉取出放在一起

150ml 的菠萝罐头汁加上 50ml 的水制成 200ml 的菠萝汁

做椰子奶油的鲜牛奶放入容器，放置冷藏室冷冻

做椰子奶油的无盐黄油和鸡蛋放置室内

准备好橘子皮

难易度 ★★☆

菠萝馅准备工作 2 小时→剩下的过程 60 分钟

1. 提前 3 个小时，将一定分量的材料混合制成挞皮（参考 23 页）。

2. 向一小容器放入 4 大勺水和香草干，用微波炉加热 30 秒，放置 15 分钟至香草干泡出香味。同时将烤箱预热到 170℃。

3. 将 200ml 的菠萝汁和 100g 白砂糖放入饼铛中火煮沸，一直煮到饼铛的边缘变成棕色，菠萝汁和白砂糖变成焦糖汁。

4. 待饼铛的边缘变色后，将步骤 2 中泡出香草干香味的水，橘子汁和朗姆酒倒入饼铛中，为了不使其凝结成团，边搅拌边煮。

5. 将菠萝盛入耐热的容器并撒上在步骤 4 中煮好的汁，放入烤箱加热约 90~100 分钟。

6. 用手提式搅拌机将做椰子奶油的无盐黄油搅碎，也可

5

7-1

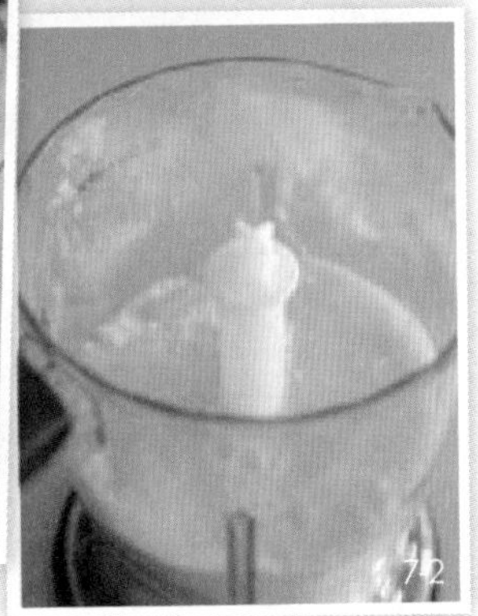
7-2

以用食品加工机进行搅拌。

7. 待步骤 7 中的黄油变成奶油状后，依次加入白砂糖，椰子粉，筛好的淀粉，鸡蛋和朗姆酒进行搅拌混合。

8. 在新容器中将鲜奶油用手提式搅拌机打好，倒入步骤 7 中的容器中，搅拌均匀。

9. 把步骤 6 中做好的椰子奶油充分倒入提前准备好的挞皮中，同时将烤箱预热到 160℃。

10. 将步骤 5 中的烤菠萝放在步骤 9 中的挞上，装饰成圆形。

11. 接着放入温度 160℃的烤箱中烘焙约 30 分钟取出，如果想使波萝的颜色更鲜明，可多烘焙 10 分钟。

Betchou 的小提示

* “ananas”是菠萝，“roti”是用火烤。就像在火上熬、炖一样，把菠萝放在火上烤，在挞上放上这种烤菠萝会使挞的水果味与众不同。
* 也可以用新鲜水果代替罐头，将新鲜水果切成固定的 0.8cm 大小若干份，用橘子汁来代替菠萝汁。

材料

（直径 20cm，4 份）

杏仁可可豆挞皮：低筋面粉 200g、无盐黄油 120g、白砂糖 75g、杏仁粉 25g、盐若干、鸡蛋 1 个、可可粉 15g

巧克力饼干：黑巧克力（可可粉含量 60 %以上）45g、白砂糖 65g

巧克力奶油：黑巧克力（可可粉含量 60 % 以上）300g、酸奶油 300g、无盐黄油 100g

装饰：黑巧克力 100g、可可粉适量

提前准备的事项

将无盐黄油切成六角形

将巧克力融化，使其变黏

准备带有直径 1cm 裱花嘴的裱花袋

将蛋白和蛋黄分离

难易度 ★★☆

准备工作 30 分钟

2

7

1. 提前 1 小时将一定分量的材料混合制成挞皮烘焙（参考 23 页）。

2. 将步骤 1 中烘焙好的挞皮放在冷却网上充分冷却，再在周围慢慢撒上可可粉，杏仁可可豆挞皮就做成了。

3. 将做巧克力饼干的黑巧克力蒸化。

4. 将蛋黄和 30g 白砂糖放入一干燥容器，用手提式搅拌机搅拌至变成白色。

5. 取另一容器放入蛋白和剩下的白砂糖，用打蛋器搅拌做成硬硬的酥皮。

6. 将已融化的巧克力放入步骤 4 中的容器搅拌均匀，使蛋黄和巧克力完全融合。

7. 把步骤 5 中的酥皮面团分 2~3 次放入步骤 6 中的容器中搅拌，巧克力饼干面团就完成了。

8. 将烤箱预热到 170℃，将步骤 7 中的面团放入裱花袋。

巧克力挞

9. 在羊皮纸上画一个圆，使圆的直径比烤挞的模具直径小 3cm，画完后铺在模具上。

10. 面团放入羊皮纸上的圆中，铺平，然后由中间向周边定向画圆圈，画完后放入烤箱烘焙 12~15 分钟。

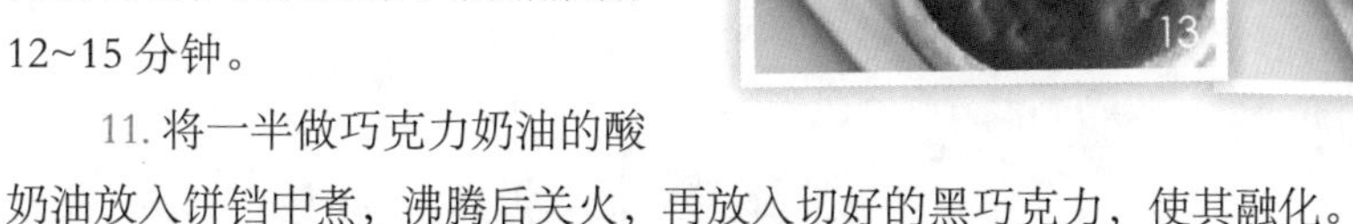

11. 将一半做巧克力奶油的酸奶油放入饼铛中煮，沸腾后关火，再放入切好的黑巧克力，使其融化。

12. 将剩下的酸奶油全部放入步骤 11 中的饼铛中搅拌，最后放入无盐黄油搅拌至融化。

13. 向烤好的挞皮底部满满地倒入一半量的巧克力奶油，再放上步骤 10 中的饼干，接着在饼干上撒上剩下的巧克力奶油。

14. 将装饰用的黑巧克力蒸化，在羊皮纸上薄薄地铺一层，放入冷藏室冷冻 30 分钟使其凝固。

15. 用刮刮刀或茶匙将巧克力整理在一起，装饰在步骤 13 中的挞上，最后撒上可可粉。

Betchou 的小提示

* 如果在像夏天一样高温的日子里整理装饰用的巧克力，巧克力很容易融化，所以要迅速地整理并用道具铺在挞上。

法式苹果挞

材料

（直径 30cm，6~8 份）

基本挞皮：低筋面粉 250g、无盐黄油 125g、盐若干、冷水 4 大勺、白砂糖 1 大勺

苹果馅：苹果 10 个、红糖 3 大勺、有盐黄油 90g、香草糖 20g、用于覆盖的黄油适量

提前准备的事项

在饼铛里抹一层黄油

难易度 ★☆☆

准备工作约 20 分钟→烘焙约 30 分钟

1. 提前 1 个半小时揉好挞皮面团（参考 22 页）。

2. 把步骤 1 中的挞皮揉成比模具直径长 2cm 大小的圆形，放在羊皮纸上，稍稍将面团的边缘卷起。

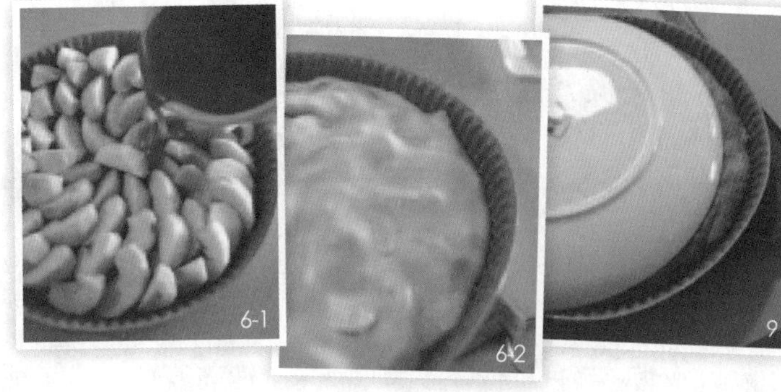

3. 将苹果去皮去芯切成 8 等份。

4. 用猛火烧热饼铛，放入红糖和香草糖煮沸，调至中火，再放入有盐黄油使其融化煮至浓稠，制成焦糖汁。

5. 将烤箱预热到 200℃，在挞模具的底部均匀抹上覆盖黄油。

6. 将切好的苹果由模具中间向周边依次紧凑排列，然后撒上步骤 4 中的焦糖汁，再铺上步骤 2 中的面团，将面团的边缘向里稍微整理一下，放入烤箱。

7. 烘焙的同时为了不使挞皮过分膨胀，可以用叉子在挞皮上戳一个洞。

8. 烘焙约 10 分钟后，将烤箱温度降低至 120℃，继续烘焙约 20 分钟。

9. 烘焙完后，取出冷却，将模具里的成品倒扣在盘子上，取走模具即可。

Betchou 的小提示

* 将做好的挞倒扣在盘子上时，注意不要被溅出的黄油烫伤。
* 法式苹果挞再加上一个香草冰激凌是任何人都无法抗拒的美味组合。

塔坦姐妹的故事

在法国中部有一对姓塔坦的姐妹，她们开了一家餐厅，这个故事就发生在这对姐妹身上。一天中午，妹妹正在为附近经常来光顾的猎人们准备午餐，可是她粗心大意地将苹果挞烤糊了，聪明的姐姐没有把烤糊的苹果挞扔掉，只是在上面加了块挞皮并重新倒扣放入了烤箱，这样苹果挞糊的地方就被遮住了，又变成了美味可口的食物。

这件事虽然没有被传开，但是随着时间的流逝，厨师们发现向苹果挞里加入了焦糖，可以使其味道香浓3倍。于是，脆脆的挞皮，黏有甘甜焦糖的苹果，再加上一个香草冰淇淋，真正的天国美味诞生了。

蓝莓苹果挞

材料

（直径 10cm，3 份）

基本挞皮：低筋面粉 125g、无盐黄油 62g、盐若干、冷水 2 大勺、白砂糖 1 大勺

蓝莓馅：蓝莓 35g、水 2 大勺、红糖 60g、板明胶 1 张、用于抹饼铛的黄油适量

提前准备的事项

将玛斯卡波奶酪取出放置于室内

酸奶油放置冷藏室 1 小时

草莓去蒂，用流动的水洗净晾干

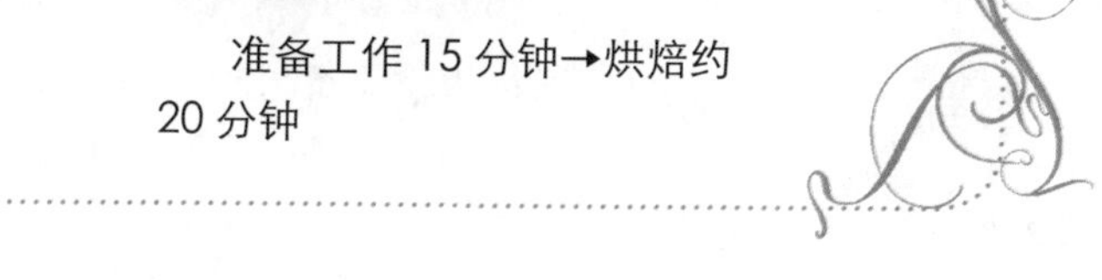

难易度 ★☆☆

准备工作 15 分钟→烘焙约 20 分钟

1. 提前一小时将一定分量的材料混合制作挞皮面团（参考 22 页）。

2. 把步骤 1 中的面团不烘烤直接做成比模具直径长 2cm 大小的圆形，铺在羊皮纸上，稍稍将面团的边缘卷起。

3. 在挞模上抹上充足的黄油，板明胶侵入冷水中取出，将水分蒸发掉。

4. 将蓝莓，水和红糖全部放入饼铛用微火煮约 10 分钟，关火后放入板明胶，为不使其黏在一起，充分搅拌。

5. 将烤箱预热到 180℃，同时取步骤 4 中馅的一半倒入挞模，铺上步骤 2 中的挞皮，然后将多余的挞皮边向里稍稍卷起。

6. 将挞皮多出的部分整理好后，放入温度为 180℃的烤箱烘焙约 20 分钟。

7. 将烤好的挞冷却 10 分钟，倒扣入盘中，取走模具。

Betchou 的小提示

* 蓝莓用法语表示是“myrtille”，因其颜色艳丽，所以被广泛用作食材。虽然苹果挞传统应该由苹果制成，但如果用可以找到的各种各样的水果来做，那么就能做出一些与众不同的作品。

三王朝圣饼

材料

(直径 20cm，1 份)

馅饼皮：低筋面粉 125g、冷水 60ml、盐 1g、细末黄油 95g（无盐黄油 70g + 低筋面粉 25g)、白砂糖 1 小勺

杏仁奶油：无盐黄油 25g、杏仁粉 50g、红糖 50g、鸡蛋 1 个、朗姆酒 1~2 大勺、鸡蛋水(蛋黄 1 份 + 水 1 小勺)

提前准备的事项

提前做好馅饼皮

无盐黄油（制奶油用）放置室内 1 小时

难易度 ★☆☆

准备工作 30 分钟

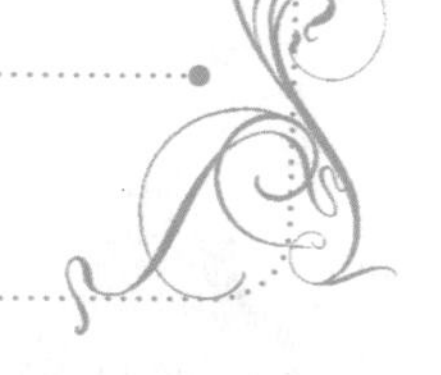

1. 做馅饼之前先取一定分量的材料做成馅饼皮面团，并将其分成 2 等份(参考 22 页)。
2. 将步骤 1 中的面团盖上保鲜膜放置在阴凉处。
3. 待室内放置的黄油变软后，盛入容器，用打蛋器打成奶油状。
4. 向步骤 3 中的容器中依次放入杏仁粉，红糖，鸡蛋，搅拌均匀制成滑滑的奶油。
5. 向步骤 4 中倒入 1~2 勺朗姆酒，充分搅拌，杏仁奶油就完成了。
6. 将步骤 2 中的 2 份面团分别用擀面杖擀成厚度为 5mm，直径为 20cm 的圆形，放入烤箱。
7. 在其中一个面团的边缘抹上适量的鸡蛋水，中间倒上杏仁奶油。
8. 在奶油上做一些小装饰，再铺上另一馅饼面团，同时将烤箱预热到 200℃。
9. 将剩下的鸡蛋水充分涂抹在馅饼皮上，用一个稍微尖的工具在上面刻出树叶的图案。
10. 将步骤 9 中的馅饼放入烤箱，并将烤箱温度降低到 180℃，烘焙约 20 分钟即可。

Betchou 的小提示

* 如果馅饼的颜色变深，就盖上层箔纸继续烘烤，而如果颜色很浅，就再多烘焙 5 分钟。

BHV（巴黎市政厅购物中心）

市政厅购物中心，顾名思义就是市政厅拥有所有的货物，而实际上，它是坐落于巴黎市政厅和浪漫的塞纳河旁边的中低档百货商场。虽然是个百货商场，但是与巴黎老佛爷百货商场和其他大型高级购物商场相比，规模要小很多而且也更加平民化，就算只带着 20 欧元也能买到商品而且不会让你感觉到脸红。

市政厅购物中心像大部分的百货商场一样，拥有各式各样的商品。我们最关心的地方在商场 3 层——厨师的天堂，这里有各种厨房用品，餐具和用具，还有基本的烘焙工具和盛装器具。虽然是中低档百货商场，但是也不乏名牌餐具，比如法国名牌餐具 Gien。比起餐具的品牌，人们更加注重它的外观和价格高低。当然，商场也有德国名牌不锈钢制品和意大利列奥纳多玻璃制品。在这里购物时要注意一点：购买名牌商品要在指定柜台结算，而购买普通商品则先将自己选好的商品交给售货员取得购物单，凭购物单在中央柜台结算后返回向售货员出示收据，才能取得包装精美的商品。

商场的 2 层和 4 层是室内装修大卖场，其中摆出的装修用品非常美观，值得一观。

BHV
地址：瑞弗里大道第一区 52 号
网址：http://www.bhv.fr

Part 6

全世界为你倾倒，马卡龙

它可爱至极，用手“啪”的打一下好像就要碎掉，但是那细腻的样子又让你目不转睛，它是完美展现法国宫廷优雅品味和气质的食物——马卡龙。

柠檬马卡龙

材料

（35~40 份）

饼壳：杏仁粉 150g、糖粉 150g、蛋白 55g ①、柠檬色色素（可用其他非水性色素代替）3g、白砂糖 150g、水 37~38g、蛋白 55g ②

柠檬奶油：鸡蛋 110g、白砂糖 120g、柠檬皮 4g、柠檬汁 80g、无盐黄油 175g、杏仁粉 50g

提前准备的事项

在柠檬上抹上粗盐，用手揉一揉，然后洗净去皮榨汁

将黄油切成六角形

准备带有直径 1cm 裱花嘴的裱花袋

难易度 ★★★

准备工作约 30 分钟→冷却 4 小时以上

1. 将准备好的柠檬皮和白砂糖放入容器搅拌均匀。

2. 取另一容器，将做奶油的鸡蛋打好搅拌均匀，再和步骤 1 中的材料混合，倒入柠檬汁，搅拌均匀。

3. 搅拌好后开始蒸，温度调至 84℃，蒸至奶油底部变成黄色，关火。如果没有温度计，就蒸 7 分钟以上至奶油咕噜咕噜沸腾。

4. 将还没有完全冷却的奶油和准备好的黄油混合搅拌均匀，使用调配器或手提式搅拌机会更容易搅拌均匀。

Betchou 的小提示

* 如何在一个小小的杏仁饼中品尝到甘甜的柠檬味道，是曾使很多厨师头疼的问题，而将含有天然柠檬味道的柠檬皮和柠檬汁加入杏仁饼就是个好办法。当你咬一口这种柠檬杏仁饼时，仿佛会感觉自己就站在被阳光照耀的酸橙树下，舒心极了。

5. 取一宽底容器，倒入步骤 4 中的奶油，并盖上保鲜膜，贴紧，放入冷藏室冷冻。

6. 同时取材制成饼壳烘焙，烘焙完后倒扣放置（参考 30 页）。

7. 向提前做完的柠檬奶油里加入杏仁粉搅拌均匀，然后装入裱花袋，搓一搓。

8. 向步骤 6 中的饼壳上放入适量的奶油，再盖上一层饼壳，杏仁饼就做完了。完成后在室内放置冷却即可食用。

覆盆子马卡龙

材料

(35~40 份)

饼壳：杏仁粉 150g、糖粉 150g、蛋白 55g ①、覆盆子色色素（可用其他非水性色素代替）5g、白砂糖 150g、水 37~38g、蛋白 55g ②

果酱：覆盆子 500g、白砂糖 300g、板明胶 2 张、柠檬汁 20g、椰子粉 10~20g

提前准备的事项

将板明胶放入冷水中浸泡，取出后蒸发掉水分

准备带有直径 1cm 裱花嘴的裱花袋

难易度 ★★★

准备工作约 30 分钟→冷却 4 小时以上

1. 用调配器或混合器将覆盆子打散，搅拌均匀。

2. 将搅拌均匀的覆盆子和做果酱的白砂糖放入牛奶饼铛用中火煮沸，沸腾后继续煮 5 分钟关火。

3. 向步骤 2 中滚烫的饼铛中放入板明胶，为了使其不成团，充分搅拌。再倒入柠檬汁搅拌均匀，盖上保鲜膜，贴紧，放入冷藏室冷冻。

4. 同时取材制成饼壳烘焙，烘焙完后倒扣放置。

5. 步骤 3 中的材料冷冻后可以直接使用，但是如果觉得液体很稀可以放入适量椰子粉，搅拌均匀。然后装入裱花袋，搓一搓。

6. 向步骤 5 中的饼壳上放置适量的奶油，再盖上一层饼壳，杏仁饼就做完了。杏仁饼制作完成后在室内放置 2 小时，可以即时品尝也可冷冻保存。

Betchou 的小提示

* 杏仁饼最基本的两种类型是柠檬杏仁饼和覆盆子杏仁饼。加入果酱的杏仁饼有一点不足就是 24 小时后果酱会慢慢消失。如果按照这个配方制作的话，最好在 4 小时以后再食用，这样才能尝到它的美味。

巧克力软糖马卡龙

材料

(35~40 份)

饼壳：杏仁粉 150g、糖粉 150g、蛋白 55g ①、巧克力色色素 + 红色色素若干（可用其他非水性色素代替）总 3g、白砂糖 150g、水 37~38g、蛋白 55g ②

巧克力 & 软糖奶糊：白砂糖 55g、有盐黄油 10g、酸奶油 125g、黑巧克力 125g、奶巧克力 60g

装饰：焦糖花生一把

提前准备的事项

将焦糖花生弄成块状

黄油切成六角形

准备带有直径 1cm 裱花嘴的裱花袋

难易度 ★★★

准备工作约 30 分钟→冷却 4 小时以上

1. 将两种巧克力混合蒸化。

2. 将酸奶油倒入牛奶饼铛煮沸。

3. 酸奶油沸腾后调至中火，取一半白砂糖放入饼铛，待其融化后再放入了另一半。这时，因为白砂糖接触了空气就会产生结晶，因此不用搅拌待其自己慢慢融化即可。

4. 当酸奶油变成棕色时关火，放入黄油使其融化。因为这时酸奶油还在沸腾，所以要小心不要溅出来。

5. 将步骤 4 中的酸奶油分 2 次放入步骤 1 中已融化好的巧克力中，搅拌均匀。

6. 将步骤 5 中做好的巧克力奶糊倒入宽底容器，放置室内冷却一会儿，再放入冰箱继续冷却。

7. 做完饼壳基本面团中的第 17 步后，在面团上撒些装饰用的焦糖花生，进行第 18 步。将烘焙好的饼壳倒扣排列。

8. 将步骤 6 中冷却好的巧克力奶糊盛入裱花袋，搓一搓。

9. 向步骤 7 中的饼壳上放入适量的巧克力奶糊，再盖上一层饼壳，杏仁饼就做完了。杏仁饼制作完成后在室内放置 2 小时，可以即时品尝也可冷冻保存。

Betchou 的小提示

* 黄油是这种杏仁饼调味的关键，而黄油中的成分盐是来自布列塔尼——盐味道最好的地方。再结合黏有甜甜焦糖的巧克力，那味道可以将你的郁闷一扫而光。

25岁圣诞，最珍贵的礼物

12月25日上午，我被门铃声惊醒。虽然已经过了10点，不早了，但是因为是圣诞节，表妹像是圣诞礼物一样飞来巴黎陪我过节，昨晚平安夜我们熬夜聊天到凌晨3点多才睡。我的寒假刚刚开始，在这么一个甜蜜的早晨，本想睡懒觉的……心里超不爽的，再加上是圣诞节的早晨，这个人们都与家人团聚的盛大节日里，我真的想不到谁会来找我。

“请问是哪位？”

“请问是吴小姐吗，有您的花！”

咦？什么？花？为什么？谁？可能送错了吧。妹妹为我准备的小惊喜？这大过节的，谁送的啊？在花店职员走到我家门口的这1分钟里，我想要不是我还没睡醒，就是我没有听懂这还没有成为国际语言的法语。而当花店职员将一束红色玫瑰送到我面前的瞬间……不是，是发现花束里夹着的卡片署名是J，然后在签收册上签完名回房的瞬间，我都没有想起这个J是哪个J。

“姐姐，什么呀？”

“哇哦，花，谁送的？”跟着起来的妹妹问道。

“这个我也不太清楚……”真的，我真的不知道，也不明白他为什么送我花。我的疑惑持续了2个月。

送花的是和我同校的朋友。他在法国生活了一年半就获得了建筑学院的录取通知，我们都曾是1年级的学生。当时，我是班里唯一的韩国人，因为法语不熟练而不敢开口与别人交流，是他帮助孤单无助的我纠正蹩脚的法语发音，缓解我的紧张，不断鼓励我创作，慢慢地，我才开始适应，开始与别人交流。虽然新生入学教育时我只是单纯地被他的外表所吸引，之后在成为朋友的过程中我也偶尔会因为他盯着我看而动过小心思，但是到2年级时我们才真正成为了好朋友。当我的论文比他发表得好而得到称赞时，他也一样鼓励我。好幸运，我遇到了一个能对年纪小的人细心照顾而且心胸宽广的朋友。我觉得对他产生的那种第一次的心动以后永远也不会再出现了。

“姐姐，他是向你示爱啊！乍一看不像是姐姐的朋友，而像是男朋友。说不是都没人信，你想啊，谁会在圣诞节担心所谓的朋友会不会孤单而送来一束玫瑰花的。”听到这里，我才想起在妹妹决定来巴黎的前一个月他说过的话。

“圣诞节怎么过啊？”

“嗯……自己过。”

想到这些，心头突然一热，差点掉下眼泪。就算这是要温暖我的心，而且就像妹妹说的这是超越朋友的行为，但是还是让我很感动……过完寒假都不知道怎么见他了。

这些想法被我藏了十年，从那个通过一束玫瑰花而开始窥探他的内心的圣诞节到现在我们已经一起度过了 10 个圣诞节。对我来说，最浪漫的圣诞节礼物就是他，就是即将在最浪漫的 5 月举行的婚礼和藏在那束玫瑰花下的卡片。

所有的一切都从那束世界上最美丽的玫瑰花开始……

伯爵茶马卡龙

材料

(35~40 份)

饼壳：杏仁粉 150g、糖粉 150g、香草干 1 个、蛋白 55g ①、可可色素（红色：红褐色 = 2：1) 3g、白砂糖 150g、矿泉水 37~38g、蛋白 55g ②

伯爵茶奶糊：酸奶油 190g、伯爵茶叶 12~15g、奶巧克力 200g、黄油 35g

装饰：伯爵茶叶 5g

提前准备的事项

将茶叶捣碎

香草干切开掏空，将果肉取出放在一起

黄油切成六角形

准备带有直径 1cm 裱花嘴的裱花袋

难易度 ★★★

准备工作约 30 分钟→冷却 4 小时以上

1. 用大火将酸奶油煮沸。

2. 将做奶糊的茶叶放入步骤 1 中煮沸的酸奶油中，盖上盖子，浸泡 4~5 分钟。将香味充分泡出后，用筛子分离出奶油，单独放置。

3. 将可乐蒸一下，分 2~3 次打入步骤 2 中的分离出的奶油中。

4. 奶油的温度冷却到 60℃后加入全部的黄油，将其搅拌浓稠。

5. 将步骤 4 盛入宽底容器，盖一层保鲜膜，贴紧，放置于室内冷却一会后，放入冷藏室冷冻。

6. 做完饼壳基本面团（参考 30 页）中的第 17 步后，在面团上撒些装饰用的茶叶粉，进行第 18 步。将烘焙好的饼壳倒扣排列。

7. 将步骤 5 中冷却好的奶糊放入裱花袋，搓一搓。

8. 向步骤 6 中的饼壳上放入适量的伯爵茶奶糊，再盖上一层饼壳，杏仁饼就做完了。完成后在室内放置 2 小时，可以即时品尝也可冷冻保存。

Betchou 的小提示

* 如果使用酸奶油和红茶的话，会享受到沁人心脾的香味。闭上眼睛，体会像凡尔赛宫一样华丽，像白金汉宫一样庄严的味道，入口即化的细腻口感，真的仅仅被称为饼干吗？

拉杜丽

有这样一句话“数学问题需要用公式来解决，同样，生活中的谜底则需要用时间来解开。”现在很多三四十岁的人曾经想象电视上的艺人一样漂亮，所以花大把的时间用在化妆上，而听到老人们说“不化妆会更漂亮……”时，也只会撇撇嘴不屑一顾，但是如今她们理解了那句话，并且现在依然认为“不化妆也漂亮的话多么……”的年轻人们迟早也会明白老人们说的话。没有像年轻一样漂亮的东西，这是什么话？

法国，以手艺人居多而出名，而且它拥有很多时间越久就越漂亮越华丽的地方。奢侈糕点的代名词拉杜丽就是一个。1862 年，拉杜丽的创始人 Louis Ernest Laduree 糕点师用自己的姓命名创立了拉杜丽，并赋予了它“持续的时间”这个寓意。是不是为了将名声发扬光大而选择了祖先的姓氏呢？真是有惊人的先见之明。拉杜丽流传至今的内部装饰来源于当时有名的画家朱尔斯·谢雷特的灵感，并完美的结合了名字“拉杜丽”。最早在巴黎的茶点沙龙被接受，被瞩目，而现在比那时更加光彩熠熠了。

说到拉杜丽，就不能不说马卡龙（一种蛋白杏仁饼）。在导演索菲亚·科波拉的作品《玛丽·安托万》（绝代艳后）中，胖胖的主人公像孩子一样吃的像宝石一样的马卡龙全部都是拉杜丽赞助的。因此，现在受到我们大家喜爱的马卡龙在 20 世纪中期就诞生了，提出这一观点的是拉杜丽的表弟，他也是一名糕点师。虽然克尔斯滕（《玛丽·安托万》主人公的扮演者）吃的马卡龙并不存在，但是那又怎么样呢？与它相比，马卡龙将更好地展现出本身香脆和华丽的魅力。

出乎意料的是，从马卡龙分离出很多味道和外观都不一样的糕点。抽出时间，静静地坐着品尝一块奶油圆蛋糕和一杯茶，你就会感叹：“这就是拉杜丽啊！”

在法国马卡龙的代表——拉杜丽的门前，为了品尝法国彩色之光的顾客络绎不绝，而这个国际队伍也在日益壮大。由此看来，时间越久越漂亮也不是一件难以理解的事情。

Laduree Royal
巴黎第八区 Royal 街 16 号
33(0)1 42 60 21 79

杏桃马卡龙

材料

（35~40 份）

饼壳：杏仁粉 150g、糖粉 150g、蛋白 55g ①、杏色（红色：黄色 = 2:1）色素（或其他非水性色素）3g、白砂糖 150g、水 37~38g、蛋白 55g ②

杏仁奶油：白巧克力 175g、熟透的杏仁 200g、柠檬汁 7g、板明胶 2 张

桃子果冻：桃子 50g、白砂糖 30g、水 7g、柠檬汁几滴

装饰：开心果 10g

提前准备的事项

将杏仁洗净去皮，去核儿

板明胶放入水中浸泡，取出蒸发掉水分

将开心果弄碎

准备带有直径 1cm 裱花嘴的裱花袋

难易度 ★★★

准备工作约 50 分钟→冷却 4 小时以上

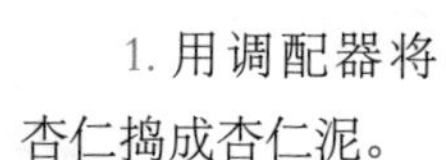

1. 用调配器将杏仁捣成杏仁泥。

2. 蒸化巧克力。

3. 用牛奶饼铛盛放杏仁泥，倒入柠檬汁用猛火煮至咕噜咕噜沸腾，再加入融化的巧克力中搅拌均匀。

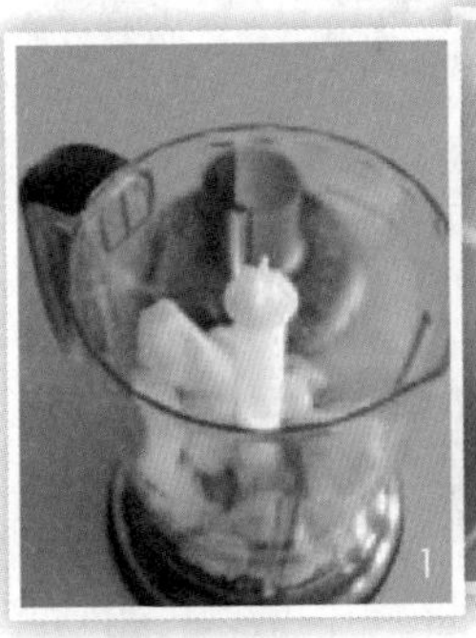

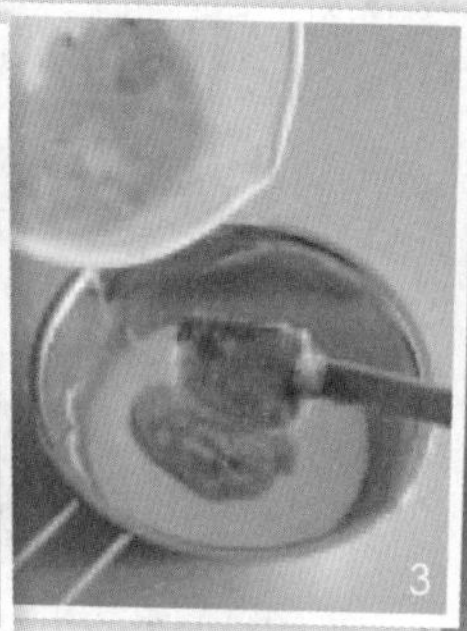

4. 接着放入板明胶，然后用调配器调制约 3~5 分钟，调至完成后倒入宽底容器，盖上保鲜膜，贴紧，放入冷藏室冷冻。

5. 将桃子切成 5~7mm 的正方体。

6. 除了桃子，将所有剩下的材料放入牛奶饼铛煮沸，再放入切好的桃子煮沸。然后盖上保鲜膜，放置一旁冷却。

7. 做完饼壳基本面团(参考 30 页)中的第 17 步后，在面团上撒些装饰用的开心果碎末，进行第 18 步。将烘焙好的饼壳倒扣排列。

8. 步骤 4 完成冷冻后放入裱花袋，搓一搓。

9. 向步骤 7 中的饼壳上放入适量的奶油，再放上几块桃子果冻，轻轻按一按，最后盖上一层饼壳。做完后在室内放置 2 小时，可以即时品尝也可冷冻保存。

Betchou 的小提示

* 这种杏桃杏仁饼与用四季水果柠檬做的柠檬杏仁饼或巧克力杏仁饼不同，它的食材是时令水果，送给朋友做礼物时更具有独特的意义。

越橘马卡龙

材料

(35~40 份)

饼壳：杏仁粉 150g、糖粉 150g、蛋白 55g ①、青紫色 + 红色色素（2:1）3g、白砂糖 150g、水 37~38g、蛋白 55g ②、食用面粉（选用）

越橘奶糊：白巧克力 200g、蓝莓 160g、覆盆子 60g、装饰在奶糊上的浆果（选用）、板明胶 1 张

装饰：大小差不多的蓝莓约 10 颗、淀粉糖球 10 颗（围棋大小）

提前准备的事项

将蓝莓和覆盆子洗净，用厨房毛巾将水分充分吸干

板明胶放入水中浸泡，取出蒸发掉水分

准备带有直径 1cm 裱花嘴的裱花袋

难易度 ★★★

准备工作约 60 分钟→冷却 4 小时以上

1. 将已经去除水分的水果全部放入搅拌机搅拌成水果泥。

2. 将水果泥放入筛子分离出果汁和果肉，为了将果汁完全分离出来，把有一定重量的容器压在果肉上 30 分钟以上。

3. 将果汁倒入牛奶饼铛用中火煮约 10 分钟，冷却之前放入板明胶使其融化。

4. 将蒸化巧克力倒入步骤 3 中的材料搅拌均匀。

5. 搅拌均匀后倒入宽底容器，盖上保鲜膜，贴紧，放置室内冷却 4 小时以上。

6. 做完饼壳基本面团（参考 30 页）中的第 17 步后，在面团上撒些筛好的食用面粉，进行第 18 步。将烘焙好的饼壳倒扣排列。

7. 待步骤 5 中的材料冷却完成后放入裱花袋，搓一搓。这时，如果奶糊还比较稀，可以取出 1/3 奶糊，用微波炉加热，然后加入 2~3 小勺淀粉搅拌，最后倒入剩下的 2/3 奶糊中搅拌均匀即可。

8. 向饼壳上放入适量的奶油，把剩下的蓝莓一个一个按到奶糊上，再盖上一层饼壳。做完后在室内放置 2 小时，可以即时品尝也可冷冻保存。但如果里面含有没有经过加工处理的浆果，最好在 2 天之内食用。

Betchou 的小提示

* 用蓝莓、木莓等各种不同的莓做食材可以使杏仁饼更加吸引人，更具诱惑力。将各种颜色和淀粉糖球的银色搭配出来的杏仁饼足可以吸引那些巴黎十六区的贵妇人们只有在看到名牌包包才发光的眼球，但是杏仁饼的味道淡淡的，如果喜欢浓一些的口味，加入蓝莓酱就可以了。

柠檬罗勒马卡龙

材料

(35~40 份)

饼壳：杏仁粉 150g、糖粉 150g、蛋白 55g ①、开心果色素（或其他非水性色素）1g、白砂糖 150g、水 37~38g、蛋白 55g ②

罗勒汁：水 40g、新鲜的罗勒叶 7g、白砂糖 5g

柠檬 & 罗勒奶油：鸡蛋 110g、白砂糖 120g、柠檬皮 5g、柠檬汁 80g、板明胶 1 张、杏仁粉 30g

提前准备的事项

用流动的水洗净罗勒叶

准备 100g 的冰水

板明胶放入水中浸泡，取出蒸发掉水分

准备带有直径 1cm 裱花嘴的裱花袋

难易度 ★★★

准备工作约 60 分钟→冷却 4 小时以上

1. 将罗勒叶放入沸水中浸泡 5 秒钟，捞出再放入冷水中冷却，最后捞出，蒸发掉水分。

2. 将做罗勒汁的 40g 水和白砂糖混合，放在火上煮至沸腾后关火。等蒸汽消失后，把步骤 1 中的干罗勒叶放入糖水中浸泡 10 分钟后，用调配器充分调制。

3. 把做奶油的材料鸡蛋，白砂糖，柠檬皮，柠檬汁全部放入糖水，放在火上用大火加热 10~15 分钟将奶油煮沸。也可以用温度计可以测量一下温度，将奶油加热到 83~84℃即可。

4. 把蒸好的奶油放入调配器打一下。

5. 打好的奶油用筛子过滤，放入干燥的板明胶使其融化。

6. 将奶油打入宽底容器，盖上保鲜膜，贴紧，水蒸气消失后放入冷藏室冷冻。

7. 同时取材制成饼壳烘焙，烘焙完后倒扣放置（参考 30 页）。

8. 待步骤 6 中的奶油冷却后放入裱花袋，搓一搓。

9. 向饼壳上放入适量的奶油，将剩下的蓝莓一个一个按到奶糊上，再盖上一层饼壳，杏仁饼就做完了。完成后在室内放置 2 小时，可以即时品尝也可冷冻保存。

Betchou 的小提示

* 在法国生活一段时间就会明白为什么法国被称为艺术之国。厨师们心中的各种设想并不仅仅停留在脑中，而是他们具有行动的能力。让它和能够吸收罗勒香味的柠檬结合？只要咬一口柠檬罗勒杏仁饼，这看似不可能的任务便不再是梦，就会变成现实。

抹茶栗子马卡龙

材料

（35~40 份）

饼壳：杏仁粉 150g、糖粉 150g、蛋白 55g ①、可可粉 30g、咖啡精 3g（可用速溶咖啡代替）、红色色素 1g、白砂糖 150g、水 37~38g、蛋白 55g ②

栗子奶油：栗子冰 80g（煮栗子用）、无盐黄油 115g、栗子泥 110g、栗子面团 70g（煮好的栗子 55g + 橄榄油 15g）、朗姆酒 7~8g

抹茶奶糊：酸奶油 60g，白巧克力 60g，抹茶粉 5g（也可用绿茶粉）

装饰：可可粉少量

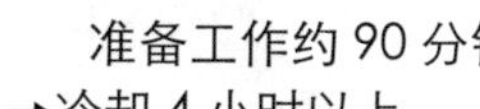

提前准备的事项

可可粉和捣碎的咖啡混合过滤制成糖粉

黄油放置室内 1 小时以上

将栗子冰捣碎

准备带有直径 1cm 的裱花嘴的裱花袋

难易度 ★★★

准备工作约 90 分钟

→冷却 4 小时以上

1. 蒸化巧克力。

2. 将酸奶油盛入牛奶饼铛用大火煮沸，温度冷却到 60℃后放入过滤好的抹茶粉，为使其不成团，充分搅拌。

3. 将步骤 1 中融化的巧克力和步骤 2 中的酸奶油混合，倒入容器 5~7mm 的高度。

4. 盖上保鲜膜进行冷冻。待搽茶奶油适当凝固后，切成横竖 5~7mm 的正方体，再次盖上保鲜膜冷冻。

5. 将栗子冰，朗姆酒和栗子泥放入容器用叉子充分搅拌。

6. 将在室内放置 1 个多小时的黄油和栗子面团放入另一容器，搅拌均匀。

7. 将步骤 5 和步骤 6 的成分都倒入调配器调制 3 分钟以上，然后将其装入裱花袋，搓一搓。

8. 将可可粉和咖啡混合成的糖粉与做饼壳基本面团的第 3 步（参考 30 页）同时进行。

9. 做完饼壳基本面团（参考 30 页）中的第 17 步后，在面团上撒些装饰用的过滤好的可可粉，进行第 18 步。将烘焙好的饼壳倒扣排列。

10. 在步骤 9 中的饼壳上放入适量栗子奶油。

11. 接着在奶油上放一块抹茶奶糊，轻轻按一按，再盖上第二层饼壳，杏仁饼就做完了。完成后在室内放置 3 小时，可以即时品尝也可冷冻保存。

Betchou 的小提示

* 这种杏仁饼和加入抹茶粉做出的杏仁饼只从外表看就有差异，这种将栗子，巧克力，咖啡香和抹茶调配在一起的西方甜点，融合了东西方特色，是西方老人们非常喜欢的合成杏仁饼，拥有能体现 3 种不同颜色的魅力。

柚子马卡龙

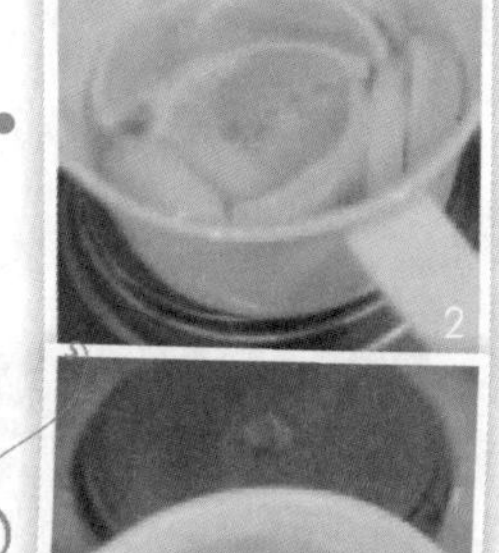

材料

（35~40 份）

饼壳：杏仁粉 150g、糖粉 150g、蛋白 55g ①、橘子色素（可用其他非水性色素代替）1g、白砂糖 150g、水 37~38g、蛋白 55g ②、食用金粉少量（选用）

果冻：水 500ml、白砂糖 250g、六角茴香 1 个、胡椒粒 10 个（选用）、香草干半个、柠檬汁 2 大勺

金巴利酒 & 葡萄柚奶糊：柠檬汁 10g 葡萄柚汁（西柚果汁）50g，橘子汁（橘子果汁）15g，金巴利酒（酒类）25g，白巧克力 200g

提前准备的事项

用粗盐擦拭葡萄柚皮消毒

准备 1L 冰水

香草干切开掏空，将果肉取出放在一起

准备带有直径 1cm 裱花嘴的裱花袋

难易度 ★★★

准备工作约 120 分钟→冷却 6 小时以上

1. 在葡萄柚皮上竖着割 2~3 道口子，剥去柚子皮。

2. 将葡萄柚皮放入沸水中焯 3 分钟，捞出后放入准备好的冷水中，反复两三次（除去葡萄柚皮的苦味），最后放置在筛子中。

3. 将做果冻的材料全部放入牛奶饼铛煮沸，再放入已经去除苦味的柚子皮，用微火煮 1 个半小时，这时用锅盖盖住 3/4。

4. 关火将其在室内放置一天。

5. 除了巧克力，将剩下的做奶糊的材料全部放入牛奶饼铛，快要煮沸时关火，冷却至温热。

6. 蒸化巧克力。

7. 将步骤 5 中的奶糊分 2 次倒入步骤 6 中蒸化的巧克力，搅拌均匀，用调配器调制出 3~5 份的分量。

8. 调制完后将其放入一个平整的容器，盖上保鲜膜，贴紧，放入冷藏室冷冻。

9. 在制作饼壳前 2 个小时先将步骤 4 中的柚子皮放入筛子中，分离出汁。

10. 将汁充分分离后，把步骤 9 中的柚子皮切成四边都是 5mm 的正方形，放置一旁。

11. 做完饼壳基本面团（参考 30 页）中的第 17 步后，在面团上撒些过滤好的食用金粉后，进行第 18 步。将烘焙好的饼壳倒扣排列。

12. 步骤 8 冷冻完成后放入裱花袋，搓一搓。这时，如果奶糊还比较稀，则取出 1/3 奶糊，用微波炉加热，然后加入 2~3 小勺淀粉搅拌，最后倒入剩下的 2/3 奶糊中，搅拌均匀即可使用。

13. 向饼壳上放入适量的奶糊，在奶糊上放上步骤 10 中的 2~3 个果冻，然后再盖上一层饼壳。完成后在室内放置 2 小时，可以即时品尝也可冷冻保存。

Betchou 的小提示

* 比柠檬稍苦的葡萄柚很难让人们喜欢上它独特的味道，但是当品尝到藏在微甜的杏仁饼中葡萄柚果冻微苦的味道时，你就会感觉到像是在温馨的下午茶时间进行了一场浪漫的约会。

果酱吐司马卡龙

材料

（直径 18cm~20cm）

粉色饼壳、紫色饼壳、白色饼壳：杏仁粉 200g、糖粉 200g、蛋白① 73g、适当的色素各 1~3g、白砂糖 200g、水 50g、蛋白 73g ②

开心果泡沫：覆盆子浆或覆盆子泥 125g、板明胶 4 张、酸奶油 30g、蛋白 2 份、白砂糖 5g、覆盆子 100g

提前准备的事项

将蛋白①打好

将覆盆子洗净充分晾干

准备带有直径 1cm 裱花嘴的裱花袋

难易度 ★★★

准备工作约 40 分钟

1. 提前做好杏仁饼饼壳，将杏仁粉和糖粉混合，搅拌均匀后分成 3 等份分别放入三个容器里。
2. 同样将蛋白①分成 3 等份分别放入三个容器里。
3. 计量好三种色素，将其分别放入三个容器里。
4. 放入意大利酥皮（参考 30 页第 10 步）。
5. 将酥皮分成 3 份分别放入三个容器里，揉成 3 种颜色的面团。
6. 继续做基本过程的第 12 步，烘焙饼壳。
7. 将板明胶放入冷水中浸泡，取出蒸发掉水分。
8. 取一半覆盆子泥放入牛奶饼铛中，用中火加热。
9. 将干燥的板明胶放入步骤 8 中融化，然后放入剩下的覆盆子泥，搅拌均匀，放置在室内冷却。
10. 将做泡沫的白砂糖和蛋白放入一干净容器，制成硬硬的酥皮，放入冷藏室冷冻。
11. 将酸奶油放入盛冰水的容器中，保持硬硬的状态。
12. 注意不要让酸牛奶塌下去，将步骤 9 分几次和酸牛奶混合搅拌，再用相同的方式混合步骤 10 中的酥皮，搅拌均匀，做成泡沫。
13. 将泡沫放入裱花袋，搓一搓。
14. 将做的漂亮完整的饼壳每三种颜色重叠在一起，放入果酱土司饼铛或适当大小的容器中，围成 3 排，中间如果有较大的空隙，则用做的稍微不好的饼壳稍微填充一下。
15. 第一排放满泡沫，在中间紧凑的地方放入 2~3 个做好的饼壳和覆盆子，重复这一过程。
16. 在最后一排用剩下的饼壳将上面填平（完成时面朝下），不用倒扣直接放置冰箱 2 小时。
17. 食用之前，在饼铛上放一个盘子，紧紧抓住饼铛迅速倒扣，这时果酱土司没有完全掉落的话，不要用力摇晃，将饼铛翻回，用热毛巾在饼铛周围围一圈，过 1 分钟后再试一次。

Betchou 的小提示

* 果酱土司如果没有一次掉落，不要用力摇晃，将容器翻回原位，准备好热毛巾，用热毛巾在容器周围围一圈，1 分钟后再试一次，这样果酱土司和容器就会很容易分离了。

Pierre Herme（糕点大师）

糕点大师 Pierre Herme 专注于杏仁饼的理由很简单，因为它漂亮有趣，他还因为对包含白砂糖，杏仁粉在内的杏仁饼的 70 % 以上的主材料感兴趣，虽然要制造出与白砂糖不同的其他味道是件不容易的事情，但是重点是他用以前没有过的色素，香料和天然食材赋予了 Pierre Herme 式杏仁饼的故事。这看似简单，但如果不是烘焙研制糕点近 20 年的大师说出的，普通人是很难理解的。

对直接用咖啡做招待的 Pierre Herme，我最后的问题虽然很普遍但是却不能忽视："在你心中，你觉得糕点师是怎么样的人？"

"我的爷爷虽然是面包师，但是在晚年成了辛勤耕耘自己花园的园丁，我的叔叔是位建筑师，而就是这种看似与糕点毫无关系的环境造就了现在的我，用自己劳动所得的食材创造出美味，这就是糕点师，做糕点是我人生的意义，也是我存在的价值。"

用包含自己人生意义和自身存在价值的无限热情做出的杏仁饼当然是无比贵重的。香奈儿不是无缘无故地成为世界名牌的，所以如果你听了他的话而有所触动的话，去巴黎时一定不要忘记去感受一下用热情创造出的世界名牌糕点。

Pierre Herme
巴黎第一区 Cambon 街 4 号
33(0) 43 54 47 77
http://www.pierreherme.com

老佛爷（拉法叶）百货家居艺术生活馆

提起与巴黎春天百货齐名的百货商场，不用说也知道是著名的老佛爷百货，而家居艺术生活馆是其中很重要的一个部门。在建筑、位置、装饰、价格方面，巴黎春天和老佛爷不分上下，连在法国呆过 12 年的我有时都会混淆，但是两个商场有一点明显的不同就是家居艺术生活馆，这是在老佛爷百货专门投资装修的。

无论是不是礼拜天，在商场中看到那些热闹的巴黎人群，就会知道这儿的投资是多么值得。不仅有厨房用品以及相关的商品，还有室内装修用的高级消费品、卧室用品，光看到这些琳琅满目的商品就感到很有趣。

和 BHV 相比，老佛爷不管是环境，还是价格都属于中高档商场，但是就算不是 VIP 也可以进去饱一下眼福，过一过上层人的瘾。因为老佛爷商场在巴黎市区的核心地段，并靠近加尼叶歌剧院（巴黎歌剧院），属于繁华地段，人流量很大，所以最好不要在周末或晚上去逛，最好选择周一到周五或者下午 2 点之前去逛。

老佛爷家具艺术生活馆
巴黎第九区奥斯曼大道 40 号
33(0) 42 82 34 56
http://www.galerieslafayette.com

附录

礼物：蛋糕&包装

送给亲爱的他（她）、感恩的他（她）、值得祝贺的他（她）满满的真心。

菠萝纸杯蛋糕

礼品 蛋糕

材料

（中型 6 份）

菠萝花：菠萝 1 个、白砂糖 1 大勺、水 1 大勺

纸杯蛋糕面团：橄榄油 60g、鸡蛋 1 个半、低筋面粉 112g、发酵粉 6g、红糖 80g、胡萝卜 220g

柠檬奶油：黄油 15g、白奶酪或奶油奶酪 40g、柠檬皮若干、糖粉 120g

提前准备的事项

将菠萝切成 6 片厚度为 0.3~0.5cm 的圆形，取被去除的芯和皮 80g

将羊皮纸铺在饼铛上

将胡萝卜横切成块

制作柠檬皮

在蛋盒凸出的部分抹上食用油

在松饼饼铛上 6 个羊皮纸杯

将面粉类用筛子筛好

难易度 ★★☆

准备工作 60 分钟

菠萝花

1. 将烤箱预热到 110~120℃。

2. 用手取出切好的菠萝皮，将皮的边缘稍稍修正一下，依次排列放在羊皮纸上。

3. 将白砂糖和水混合用中火加热，沸腾后不要搅拌让其继续沸腾 1 分钟。

4. 用毛笔将糖水由下到上均匀的涂在菠萝上，把菠萝放置在烤箱内的烤网上，为了不使糖水掉落，紧挨着饼铛在烤箱里烘烤约 1 小时。

5. 从烤箱中取出时注意不要碰到烤网。

6. 将菠萝的中心搭在蛋盒凸出的峰部，边沿向四周下垂，然后烘烤 4 小时以上至晶体化。

4

6

纸杯蛋糕面团

7. 将烤箱预热到 170~180℃。

8. 将适量的鸡蛋和白砂糖放入大容器搅拌均匀。

9. 再将橄榄油和面粉类材料全部放入容器搅拌均匀。

10. 再次放入混合好的菠萝和胡萝卜，充分搅拌。

11. 搅拌均匀后将其倒入 6 个羊皮纸杯，每只倒入 80 %，然后放入烤箱烘烤 30~40 分钟，取出放在冷却网上完全冷却。

10

11

柠檬奶油

12. 将黄油和奶油奶酪放入容器，搅拌均匀。

13. 放入柠檬皮，边搅拌边放入糖粉，可以稍微浓一点，也可以根据自己的喜好酌量增减糖粉（柠檬奶油完成）。

14. 将奶油放入裱花袋，然后将其挤到步骤 11 中冷却好的纸杯蛋糕面团上。挤奶油时，先由中心向周围顺次挤，然后再向中心挤，挤出一个小山峰状。

15. 最后将步骤 6 中的菠萝花分别放在纸杯蛋糕上。.

14

Betchou 的小提示

* 虽然做法很简单，但是要送他（她）既有想象力又与众不同的蛋糕，就拿出这个美妙的配方吧。菠萝花的味道，你可以想象的到吗？

材料

（中型 5~6 份）

蛋糕：黄油 60g、白砂糖 90g、鸡蛋 1 个半、低筋面粉 55g、发酵粉 3g、椰子粉 20g、鲜奶油 40g、冷冻覆盆子 70g

奶酪奶油：黄油 30g、奶油奶酪 80g、糖粉 150g

装饰：杏仁片 25~30g、新鲜覆盆子 12 颗

提前准备的事项

将面粉类用筛子筛好

将羊皮纸铺在松饼饼铛上

烤箱预热到 160℃，将杏仁片放入烤箱烘焙 10~15 分钟

难易度 ★☆☆

准备工作 80~90 分钟

1. 将烤箱预热到 180℃。

2. 将放置在室内的黄油放入容器中融化成糊状，再放入适量的白砂糖和鸡蛋搅拌至产生充足的泡沫。

3. 将筛好的面粉和椰子粉混合在一起。

4. 将鲜奶油和冷冻覆盆子混合，用饭勺适当搅拌，不要捣碎。

5. 将面团放入铺着羊皮纸的杯子或一次性松饼杯。

6. 放入烤箱烘烤 40~50 分钟后，取出放在冷却网上完全冷却。

3

4

5

10

奶酪奶油

7. 将放置在室内的黄油和奶油奶酪放入容器中融化成糊状。

8. 放入糖粉搅拌均匀，可以根据自己的喜好酌量增减糖粉。

Betchou 的小提示

* 如果像平常一样放入 70 % ~80 % 的面团，会溢出来，所以要比平时少放一点。

装饰

9. 将步骤 6 中的羊皮纸取出，将步骤 8 中的奶酪奶油面团在蛋糕全身薄薄地围一层。

10. 将准备好的杏仁片放入步骤 8 中的容器滚一下，除了杏仁片上面，剩余的部分黏上充足的糖粉。

11. 取一半新鲜覆盆子装饰在上面即可。

椰子覆盆子蛋糕

海维恩
（法国巧克力品牌 / 世界巧克力大师）

“慢慢走”是狎欧亭（韩国著名的富人区）奢侈品的招牌，每次经过我都会感叹它“好厉害”，因为它追求与我们现实社会完全相反的精神。对于很难得到、无法得到的东西的无限憧憬与呼之而来的巨大成功一样吗？什么都要比别人抢先一步才安心，却连判断是否有发展前景的基本视角都没有，开张几个月就关门的店比比皆是，像我们每天洗脸一样平常。

你会发现这样一个事实，能让所有人为之欢呼的大部分名牌的原产国都在欧洲。最能接受的理由就是看到“慢慢走”而感叹“好厉害”的我们国家与欧洲国家的差异。人们都在说“快点走的话”，不，是说“拜托，跑的话会更好……”

它的原动力来自于欧洲。

很多创始已经100多年的名牌店，其中有不少就在法国。像拥有糕点、巧克力茶的海维恩门前依然

Jean-Paul Hevin
巴黎第一区圣安娜街 231 号
+33(0)1 55 35 35 96

是与日俱增的购买队伍。对于这不由自主让人产生巧克力情结的海维恩，如果去看看它为了迎接糕点问世 30 周年而进行的职业培训，你就会为“慢慢走是自然的国家力量”这句话而动容。

24 岁海维恩以糕点师为起点，在洲际饭店和日本 Peltier 糕点的少年团积累了丰富的经验，走出了成就现在的第一步。对巧克力特有的热情和他之前不凡的糕点制作经历使他在制作巧克力这一领域站到了最高点。他最拿手的是海维恩巧克力，这种巧克力的关键是在最上等的 1% 的材料里选择最上等的 1% 的好材料，这就像鉴别巧克力原料可可原豆一样，比起别人的判断更要相信自己的冷静，这也正是他做出的糕点就是名牌的原因。

樱桃巧克力蛋糕

材料

（中型 5~6 份）

蛋糕：樱桃罐头 210g、黄油 82g、黑巧克力 50g、白砂糖 145g、樱桃利口酒 30ml、低筋面粉 75g、可可粉 1 大勺、鸡蛋半个

装饰：酸奶油 80g、樱桃利口酒 1 茶匙、白巧克力 50g、樱桃 10~12 个

提前准备的事项

将面粉类用筛子筛好

将一次性羊皮纸铺在松饼饼铛上

把樱桃罐头放入筛子，过滤出一定量的果肉和汁，樱桃汁单独放置

难易度 ★☆☆

准备工作 60~70 分钟

蛋糕

3

5

1. 将烤箱预热到 170℃。
2. 将 50g 的樱桃和 60ml 的樱桃汁放入搅拌机搅拌均匀（樱桃泥制作完成）。
3. 向松饼饼铛中放入黄油，巧克力，白砂糖，利口酒和步骤 2 中的樱桃泥，用中火加热至巧克力完全熔化，再放入容器在室内放置 15 分钟。
4. 放入筛好的面粉充分搅拌，使其不能凝结成团。
5. 放入鸡蛋做成面团。
6. 将面团放入铺着羊皮纸的饼铛，放入烤箱烘焙 50~55 分钟，取出后放在冷却网上完全冷却。

7

装饰

7. 打冰的酸奶油，打到提起打蛋器有小弯钩即可。
8. 将奶油涂在步骤 6 的蛋糕上，再放上巧克力和樱桃做装饰即可。

Betchou 的小提示

* Foretnoir 是“黑森林”的意思，虽然作为餐后甜点的代表，和这个名字好像不相配，但是红色樱桃和浓黑巧克力的鲜明对比正是它最大的魅力所在，确实没有别的名字比“黑森林”更适合性感的魔女。

覆盆子杏仁蛋糕

材料

（2 份）

泡芙面团：水 62ml、牛奶 62ml、白砂糖半小勺、盐半小勺、黄油 50g、低筋面粉 70g、鸡蛋 2 个 + 蛋黄半个

奶油糕点巧克力：牛奶 120ml、玉米淀粉 12g、白砂糖 30g、蛋黄半个、黄油 12g、黑巧克力 40g

装饰：白巧克力 70g、红色色素若干、黄油 50g、糖粉 50g

提前准备的事项

将黄油切好放置室内

鸡蛋放置室内

将低筋面粉类用筛子筛好

将羊皮纸铺在松饼饼铛上

用羊皮纸将小慕斯圈模具围一圈

准备 3 个裱花袋（1 个 0.5cm 星星形状的裱花嘴，2 个直径 1cm 圆形裱花嘴）

难易度 ★★☆

准备工作 90 分钟

泡芙面团

1. 向饼铛中放入水、牛奶、白砂糖、盐和黄油，用中火加热至黄油融化。

2. 黄油完全融化后从火上取下，加入筛好的低筋面粉，搅拌均匀。

3. 用中火加热，除去湿气，像面团一样用木勺翻炒约 30~60 秒。

3

4

4. 从火上取下，把鸡蛋一个一个打好，先放入一个搅拌均匀后再放入另一个搅拌。用饭勺搅拌至滑滑的流动状。

5. 将烤箱预热到 180℃。

6. 把面团倒入裱花袋，然后挤入小慕斯圈（松饼饼铛），挤至模具高度的 1/2 处（大泡芙）。在羊皮纸上揉出圆形面团（小泡芙）。

7. 在上面涂上蛋黄。

7

8. 将大泡芙和小泡芙分别放入烤箱烘焙 35 分钟和 20 分钟，取出后放置室内至完全冷却。

奶油糕点巧克力

9. 向混合器放入鸡蛋，15g 白砂糖和淀粉，搅拌均匀。

10. 将牛奶和剩下的白砂糖放入饼铛用中火加热。

11. 待牛奶沸腾后，放入步骤 9 中的蛋黄面团。这时，为了不使面团黏在饼铛底部，可用饭勺持续搅拌 1~2 分钟（奶油制作完成）。

12. 向奶油中加入黑巧克力，搅拌至其融化，盖上保鲜膜放置室内待其完全冷却。

12-2

12-1

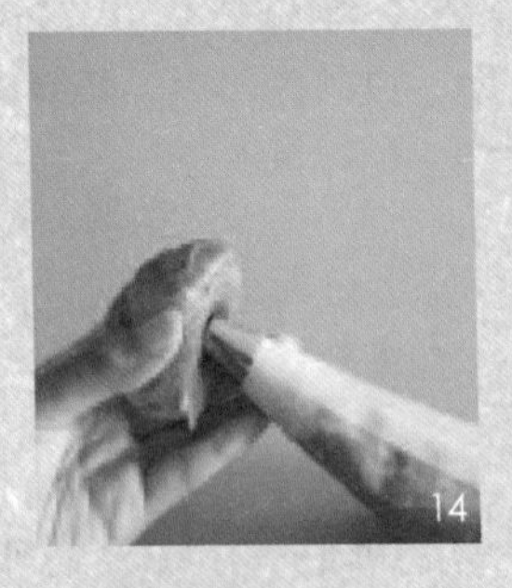
14

15

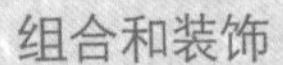

组合和装饰

13. 将冷却好的奶油糕点放入带有圆形裱花嘴的裱花袋。

14. 用大泡芙的底部轻轻推一下裱花嘴，在 3~4 处涂上奶油，为了使泡芙更丰满，要将 80%的地方涂满奶油。将小泡芙按照同样的方式处理。

15. 将白巧克力用微波炉加热熔化，再加入少量的色素调制出自己喜欢的颜色。然后将巧克力冷却到适当的浓度，分别涂在大泡芙和小泡芙上。最后将小泡芙放在大泡芙上固定。

16. 将一定分量的黄油打好，再放入少量的糖粉做成硬硬的黄油奶油，装入有星星形状裱花嘴的裱花袋。

17. 在第 2 层小泡芙的周围装饰一圈火花模样的奶油。

17

材料

（直径 23cm，1 份）

杏仁饼干：杏仁粉 100g、糖粉 80g、低筋面粉 45g、蛋白 5 个、白砂糖 100g、焦糖花生或榛子 25g

牛轧糖奶油：黄油 125g、牛奶 250ml、鸡蛋 2 个、红糖 75g、淀粉 25g、牛轧糖奶油 200g

覆盆子泥：板明胶 2 张、柠檬半个、覆盆子 300g、白砂糖 35g、水 3 大勺

装饰：覆盆子 380g、糖粉若干

提前准备的事项

在羊皮纸上画 2 个直径为 23cm 大小的圆，然后倒扣放置

将覆盆子洗净后蒸发掉水分

将焦糖花生和榛子放入保鲜袋，粉碎成大块状

准备有圆形裱花嘴的裱花袋

切好黄油，放置于室内

板明胶放入冷水中浸泡 10 分钟后取出，蒸发掉水分

难易度 ★★☆

准备工作 100 分钟

饼干

1. 向混合容器中放入杏仁粉，糖粉和低筋面粉，搅拌均匀。

2. 取另一容器，将蛋白打好，待蛋白里的小疙瘩都消失后加入一定量的白砂糖，做成边缘尖尖硬硬的酥皮。

3. 将酥皮分 3~4 次放入步骤 1 中的容器中搅拌均匀，注意不要使其塌下去。

4. 将烤箱预热到 170℃。

5. 完成步骤 3 后将其装入裱花袋，涂在画有圆圈的羊皮纸上，涂满圆圈。再撒上大块花生和过滤好的糖粉。

6. 放入烤箱烘焙约 20 分钟，待饼干上面变成淡淡的焦糖色后取出，放置室内冷却。

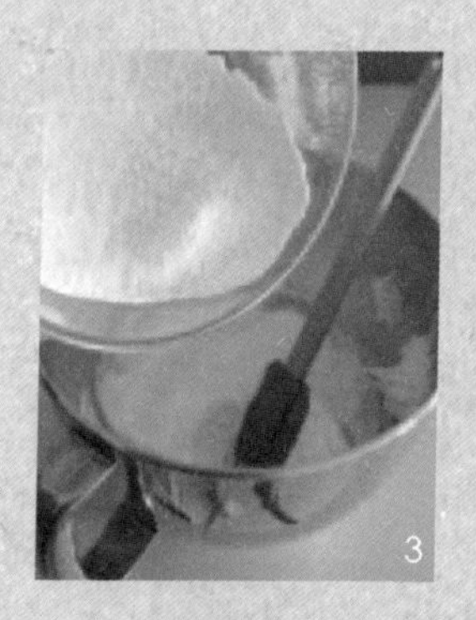
3

5

10-1

10-2

杏仁松饼覆盆子蛋糕

牛轧糖奶油

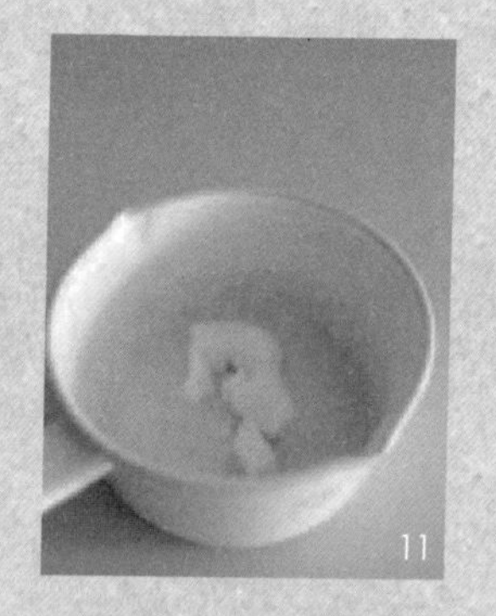

7. 将奶油盛入牛奶饼铛稍微煮沸。

8. 向混合器中放入鸡蛋和白砂糖搅拌，搅拌至提起打蛋器有小弯钩即可。

9. 再放入筛好的淀粉，搅拌均匀。

10. 取 1/3 煮沸的牛奶放入混合器，充分搅拌。然后加入剩下的牛奶用中火加热。用木勺搅拌至奶油浓稠状，从火上取下，放置室内冷却。

11. 向温热的奶油中加入 60g 黄油，待其融化后放置室内冷却。

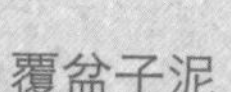

覆盆子泥

12. 取柠檬汁。

13. 取一定量的覆盆子和白砂糖混合。过滤水果泥分离出果汁和种子。最后向容器中加入少量的柠檬汁和水，这样就可以轻松地做成无种子的覆盆子泥。

14. 取覆盆子泥的 1/3 放入微波炉加热，然后放入准备好的板明胶，待其融化后放入剩下的覆盆子泥。

组合

15. 将奶油放入混合器打好，再加入剩下的做牛轧糖的黄油，搅拌均匀。

16. 将牛轧糖奶油和放置在室内的黄油混合，搅拌均匀，再加入榛子做成奶油，装入裱花袋。

17. 取下步骤 6 中在杏仁饼干上的羊皮纸，倒扣入设置好的纸杯中。

18. 在饼干上涂上适量的牛轧糖奶油，再从边缘向内放满覆盆子。为了不使奶油冒出，覆盆子的间隔要小一点。

19. 用抹刀在覆盆子上抹上剩下的牛轧糖奶油并将其抹平，但边上覆盆子的侧面就不用涂了。

20. 再倒上覆盆子泥。

21. 将另一个杏仁饼干盖在覆盆子泥上，用覆盆子装饰一下。

安吉丽娜（茶点沙龙）

乍一看好像是刚出生小猫玩的毛线球，再一看又像是残废军人小型教堂的顶部要滚下来，真是个有个性的东西。里面藏着甘脆可口的酥皮饼干，外面从上到下包着有点甜又有点苦的栗子奶油。这就是安吉丽娜茶餐厅的吉祥物“勃朗”。

虽然不知道这个地方在哪里，但是我对于这个好像和蛋糕无关的名字非常好奇，上网查了一下才恍然大悟。

1930 年，奥地利的安托万•伦布勒麦尔创作出来第一块勃朗蛋糕。在战争时代，为了隐藏身份而采用了继女的名字，那就是至今依然闻名于世的“安吉丽娜”。

由于法国的物价很高，所以我并不经常出去吃饭或喝咖啡。但是就算不是美食专家，如果知道有美食的好餐厅，也会找机会去品尝一下。事实上，我对“勃朗”慕名已久，也很想去，好不容易过了 3 年才有机会。

美味餐厅只要味道好就可以吗？其实不然。对经常光顾美味餐厅的女性朋友们来说，场所和味道同样重要。沿着卢浮宫博物馆—杜乐丽花园向和平广场走，这就是去安吉丽娜茶餐厅的路，心中被百分百的浪漫填满。

安吉丽娜餐厅以勃朗蛋糕闻名于世，但是作为糕点店现在还为客人提供一日三餐。如果是旅客,可以将价格相对压低,相对于晚餐来说,早餐和午餐不会那么有负担。安吉丽娜的诞生，使勃朗蛋糕像之前的三明治俱乐部和尼古斯沙拉一样，成为大家新的选择。如果不喜欢其他的食物，那就再点一杯与勃朗蛋糕相配的咖啡吧。既想来点有微苦味道的栗子奶油，又想吃一点适量的白砂糖和酥皮饼干，那浓缩咖啡便不再是必须的选择了。提醒一下各位，在这里滔滔不绝地说话只会让你品尝到消失在嘴里的勃朗蛋糕的余味，最后你会说“再来两个勃朗蛋糕”，这样的事经常发生。

ANGELINA
ANGELINA

安吉丽娜（Salon de The）
巴黎第一区里沃利街 226 号
+33(0)1 42 60 82 00

材料

(18*24cm，1 份)

焦糖馅饼：自制馅饼（参考 24 页）或市场买的馅饼 1kg、无盐黄油 20g、扑撒用粉 50g、糖粉 150g、黄油（涂抹用）10g

杏仁榛子果仁糖：水 4 大勺、白砂糖 140g、杏仁心儿或杏仁片 140g、榛子心儿 60g

果仁糖：黄油 185g、牛奶 380ml、蛋黄 3 个、红糖 120g、玉米淀粉 35g、杏仁榛子果仁糖 125g

甜的果仁糖：奶巧克力 35g、黄油 10g、杏仁榛子果仁糖 150g、碎薄饼 60g

装饰：可可粉适量

提前准备的事项

将馅饼面团 2 等分（参考 24 页）

按照放入烤箱内饼铛的大小裁剪 2 张同样大小的羊皮纸，并涂上一定分量的黄油

将黄油放置于室内

取一张较厚的纸裁成 20*26cm 大小，四边留出 1cm 的空隙，用刀刻斜线或自己喜欢的图案

准备裱花袋及有一个直径 0.5cm 的圆形裱花嘴

难易度 ★★★

准备工作 200 分钟

焦糖馅饼

1. 将烤箱预热到 160~165℃。

2. 先撒上充足的扑撒用粉，用擀面杖将馅饼面团擀成 2cm 厚的大正方形（需要 3 张 18×24cm 大小的正方形面团）。

3. 将面团铺在涂好的黄油羊皮纸上，再盖上一层羊皮纸，放入烤箱。为了不使面团膨胀，先将冷却网或一个饼铛放入烤箱。

4. 在烤箱中烘焙 20~30 分钟后，放在冷却网上冷却。切一下面团的边缘，将面团修整成 3 张 18*24cm 大小的正方形。

5. 将糖粉全部撒在馅饼上烘烤 2~3 分钟，这是形成焦糖的过程，所以要注意不要烤糊了。

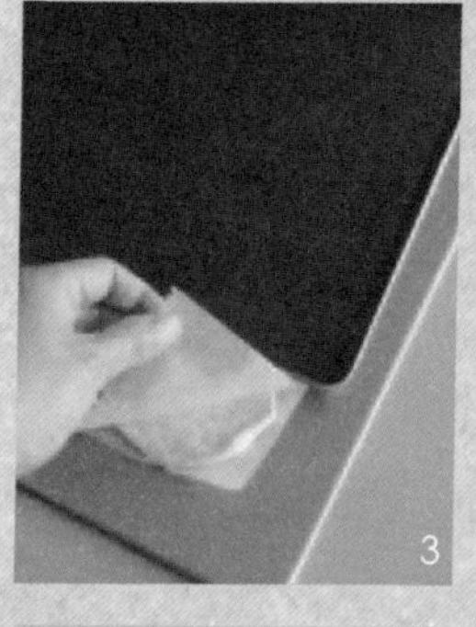
3

4

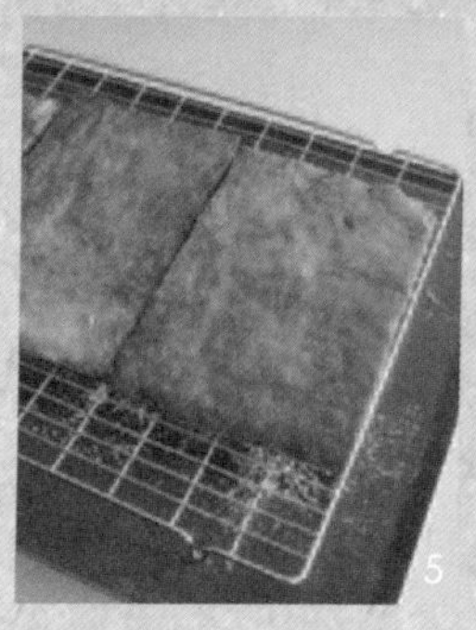
5

8

杏仁榛子果仁糖

6. 在饼铛上铺上羊皮纸，剥开杏仁核榛子。

7. 将水和白砂糖放入饼铛用中火煮 2 分钟（焦糖制作完成）。

8. 将步骤 7 中的焦糖全部倒入步骤 5 中的馅饼上，放在阴凉处冷却。

拿破仑蛋糕

9. 待水分蒸发掉，完全冷却后，留下60g，其余的放入调配器。

果仁糖

10. 将牛奶放入牛奶饼铛用中火煮沸。

11. 将白砂糖和蛋黄放入混合器，搅拌至提起打蛋器有小弯钩即可。再放入筛好的淀粉，搅拌均匀。

12. 取1/3的牛奶放入蛋黄，搅拌均匀，再放入剩下的牛奶，一边用木勺搅拌一边用中火加热。

13. 冷却10分钟后，放入90g黄油，使其融化。

14. 将奶油放入宽底容器，盖上保鲜膜，贴紧，放置室内完全冷却。

15. 将步骤9中剩下的黄油的一半放入步骤14中的宽底容器，然后将奶油全部放入裱花袋，放置冷藏室冷却。

甘甜的果仁糖

16. 将牛奶巧克力和黄油放入微波炉加热熔化。

17. 向步骤16的材料中加入步骤9中剩下的一半和碎薄饼，做成果仁糖面团。

18. 将果仁糖面团夹在2张羊皮纸中间，用擀面杖将其擀成2~3cm厚(约18*24cm大小)。为了不使其破碎，托住底部放入冷藏室冷冻。

组合

19. 将剩下的60g果仁糖放入保鲜袋，用手捏成碎块。

20. 在步骤15中的裱花袋的前端截一个直径0.5cm大小的口子。

21. 切一下果仁糖的边缘，将其修整成适当大小。

22. 先铺一张馅饼，在上面轻轻涂上1/3的果仁糖奶油，再撒上少量的碎果仁糖。

23. 铺上第2层馅饼，重复步骤22。

24. 放上步骤21中的果仁糖，再涂上剩下的奶油。

25. 最后铺上第3层馅饼，就完成组合了。

装饰

26. 将裁好的纸铺在步骤25上，撒上筛好的可可粉，再将纸抽出。小心不要弄散。

Betchou 的小提示

* 用有锋利牙齿的面包刀多切几次会切得更碎。
* 一定要注意不要弄碎奶油下面的第2层馅饼，如果1张馅饼碎了就放在中间，尽量保持蛋糕的形状。
* 制作杏仁榛子果仁糖时，煮糖水的过程中一定不要搅拌。等冷却后食用会更美味。

圣诞树桩蛋糕

材料

(3~4 份)

杏仁果酱小蛋糕：鸡蛋 4 个、白砂糖 120g、低筋面粉 120g、盐若干、利口酒 2 茶匙（选用）、可可粉 10g

奶油：白巧克力 250g、马士卡彭奶酪 150g

装饰：黄油 200g、糖粉 80g、可可粉 15g、圣诞节时吃的各种糖果或糖块若干

提前准备的事项

将鸡蛋放入混合器，分离出蛋黄和蛋白

将酸奶油放入冷餐室冷冻

将低筋面粉用筛子筛好

在饼铛上铺上羊皮纸

将白巧克力弄碎

准备裱花袋及一个直径 0.5cm 八角星状的裱花嘴

将黄油放置室内

难易度 ★★☆

准备工作约 40 分钟→冷却 2 小时

杏仁果酱小蛋糕

1. 将烤箱预热到 180℃。

2. 将蛋黄和白砂糖混合搅拌，搅拌至提起打蛋器有小弯钩即可。

3. 放入筛好的低筋面粉，用铲子充分搅拌。

4. 向蛋白中放入盐，用手提式搅拌机制成硬硬的酥皮。

5. 将酥皮分 3~4 次放入蛋黄面团，充分搅拌。第 1 次放入酥皮时，将面团充分搅拌均匀，然后再放第 2 次。

6. 将步骤 5 中的面团全部倒在羊皮纸上，用铲子将其修整成平平的正方形。

7. 放入烤箱烘焙 12~15 分钟，冷却后抽出羊皮纸。

8. 向沾奶油的那边撒上足够量的可可粉。

3

5

6

8

9. 铺上湿棉布，使其能接触到杏仁果酱小蛋糕的里面，然后卷起放置在室内。

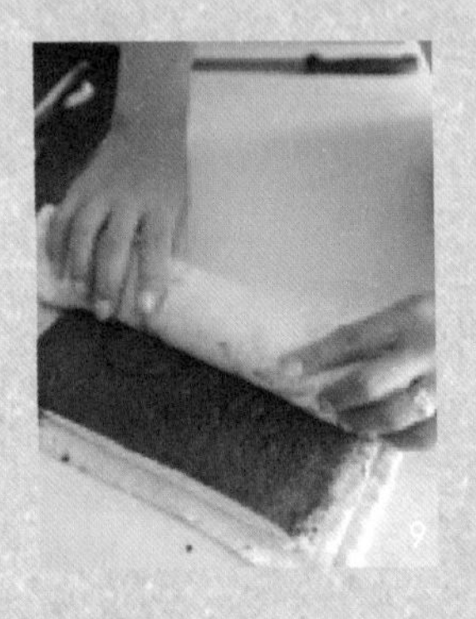
9

14

奶油

10. 将白巧克力放入微波炉蒸化。

11. 将马士卡彭奶酪打好。

12. 奶油和融化的巧克力混合形成一种奶油。

13. 打开卷着的杏仁果酱小蛋糕，小心不要弄裂。

14. 四边留住 2cm 的空隙，在中间涂上适当厚度的奶油。

15. 不要让奶油溢出，再用棉布紧紧卷起杏仁果酱小蛋糕，铺上棉布冷冻 2 个小时。

19

组合

16. 向打好的黄油中加入少量糖粉，搅拌得稍微秾稠一些。

17. 黄油奶油融化后，放入裱花袋。

18. 将铺着棉布的夹心蛋糕卷的两边修整干净，放入盘子。

19. 将黄油纵向涂在蛋糕上。

20. 再撒上满满的可可粉，装饰上准备好的糖果。

圣诞树桩蛋糕的故事

曾在韩国南部生活过 10 多年的我，每次到圣诞节都盼望着能下雪，可是常常失望，所以终究放弃了圣诞看雪的希望。而在德国冬天的早晨，一睁开眼就能看到下雪的景象，在那里我生活了 1 年半。就算这样，也没有道理说法国的圣诞节当天一定要下雪。真的，20 岁以后我就一直生活在这里，已经 12 年了，圣诞节这天一次也没有下过雪。

而神奇的事就是毫无预兆的在某个时候发生。真不敢相信自己的眼睛！下雪了！ 12 月 24 日，天空就像出现了一个大洞一样，飘飘洒洒地落了一整天的鹅毛大雪。

每到年末，我都和他的家人一起过圣诞节。这次，妈妈将平时都是自己亲手做的木柴蛋糕拜托给了我。他们的圣诞节，就如同我们的春节一样重要，那天吃的午餐饭后甜点就是木柴蛋糕。作为烹饪书籍作者的我爽快地答应了。这个蛋糕一向由妈妈做，万一我做的和妈妈做不一样怎么办？为此我苦恼了一星期，而且我想将这种蛋糕写入我的书中。做个和过去一样的蛋糕又有什么意义呢？虽然这样想不太合适。最终确定我所做的蛋糕和以往蛋糕的区别就是以白色为主体。确定了设计方案，经过烘焙，卷蛋糕，装饰后端给了父母。在这之前，我已经用照片记录了这个 12 月 24 日。把能够烘托气氛的 80 多个糕点制作完成后，也顺势把这个新点子留在了我的书上。

怎么回事？怎么回事？是雪！白色圣诞节！飘洒的鹅毛大雪！这如此漂亮的雪就是祝贺我完工的礼物。我书的名字叫做“木柴蛋糕中的白色圣诞节”。它的寓意就是用足以融化这些雪的热情做成的蛋糕。我的白色圣诞节在拥抱着所有人的欢喜中慢慢融化消失了。

饼干

制作过程越简单，失败率就越低。如果想让糕点的样子说得过去，味道也不错，就从做饼干开始吧，从做最基础的饼干开始。因为马马虎虎也能够做好，包装也很容易。分别独立包装，组合包装后放入箱子就可以了，整体感觉很专业。

礼物综合包装。做了很多饼干，要将饼干成套分发时，很难找到比这更好的方法。虽然一个一个的包装既费时又费力，但是外观比较好看。

堆积包装。这样整整齐齐地堆积起来，然后包装在一起，能增加礼物的分量。当饼干的种类不是礼物的关键时，想放入其他类型的饼干但不清楚该放在哪个位置时，用一条彩带围起捆扎好饼干与分别包装相比会产生完全不同的效果。

组合包装。单个包装会使饼干由于大小和黏性不稳定而显得比较混乱。包装在一起好像也不太合适时，可使用一次性纸杯蛋糕的模具盛装，这样既可以整齐放在一起又可以保护饼干不被压坏。

可以拿得出手又富有诚意的包装方法：铺一层羊皮纸→在上面再铺一层包装用纸→将没用的纸箱清理干净卷起→黏一层包装纸→用图章歪歪斜斜的盖上“手工制造”。

哈！哪里也找不到的帅气酥饼满分包装就完成了。

鲜巧克力、焦糖等种类的食物包装起来很麻烦。面粉到处飞就很容易黏到纸上……将羊皮纸裁小，只捏住边缘部分，一眨眼就漂亮地完成了。

小玛德琳蛋糕，是用北欧30杯蛋糕盘做出的蛋糕。因为太小，所以单个包装就会显得本末倒置。最好还是使用一次性纸杯蛋糕模具，使用适当厚度的丝带或领结稍微装饰一下不足的地方即可。

个数不是很多而且要在一天之内吃完的饼干的最好包装方法：将高级的彩带和在家旁边的公园里捡到的红色树枝组合在一起。这种独特的组合为饼干完美的覆盖了一层纯粹感。稍微用点心你就会发现，散步时，美丽的大自然赠予的免费包装材料比比皆是。

馅饼

选择馅饼做礼物时，首先要确定6~8份一起包装还是单件包装，然后做漂亮的结尾。如果馅饼比较大，烘焙冷却后可以直接放入市场上卖的饼干盒中。而如果将馅饼和其他饼干一起包装，想用2种以上的饼干盒的话，就将馅饼切成小块，分别包装。

1

2

3

4

四边形的馅饼包装

1 取一张比馅饼的长度和周长大4倍的羊皮纸，将要包装的部分放在中间，接触馅饼底部的羊皮纸部分要稍微比馅饼小（将馅饼的下半部分放在羊皮纸上）。

2 将两边的羊皮纸向中间沿馅饼底面折叠成三角形。

3 将折叠的部位盖到馅饼表面，用双面胶固定羊皮纸使其不裂开。

4 将羊皮纸多出的部分像礼物包装一样折叠好，先将上面的往下折叠，然后两面→下面依次折叠。

5 最后黏上双面胶，最好再放一层透明的包装纸。

6 将包装好的馅饼整整齐齐地摆入饼干箱。

圆形馅饼的包装

馅饼本身含有很多油，如果将其直接放入盒子中，盒子就会浸满油。把馅饼切成 6~10 块后，加入一层和馅饼一样大小的硬纸或有一定厚度的纸板，在饼干盒内摆放成之字形，然后再放入馅饼。

马卡龙（蛋白杏仁甜饼）

什么时候看都是圆圆的，多样的色彩和小巧的形状都如同一位贵族小姐一样漂亮。但是包装既散乱又易碎的马卡龙是很麻烦的一件事情。包装的关键是要保持原来漂亮的外形和馅内的水分。本来包装得整整齐齐，扑过来的小家伙们无疑会将它们弄碎。所以包装马卡龙的秘诀就是让它们整整齐齐肩并肩排列。上下层之间不要忘记加层羊皮纸哦！

马卡龙，并排包装的根据。这样排列，马卡龙之间有层羊皮纸围着，可以防止相互之间吸收水分，这点很重要。

虽然堆积放置不是个好办法，但是如果提前放入圆形塑料，再将其平躺排列在饼干盒里是可以的。如果和其他饼干放在一起，会提高视觉效果，但是在作为礼物，送出之前要先放在冰箱内保存。马卡龙之间要保留一定的空隙，小心封存。

因为马卡龙做起来很麻烦，做完 3~4 种口味的马卡龙就可能没有力气再做其他饼干了。送给邻居时，想要做一个像模像样的大方包装就感觉很困难了。这时在卷着的一次性香蕉叶（如果没有，可以用绿色可循环纸箱）背面铺一张独特的餐纸，将马卡龙一排排摆放好就完成了。用一片枯萎掉落的花瓣来代替羊皮纸，就百分百的完美了。

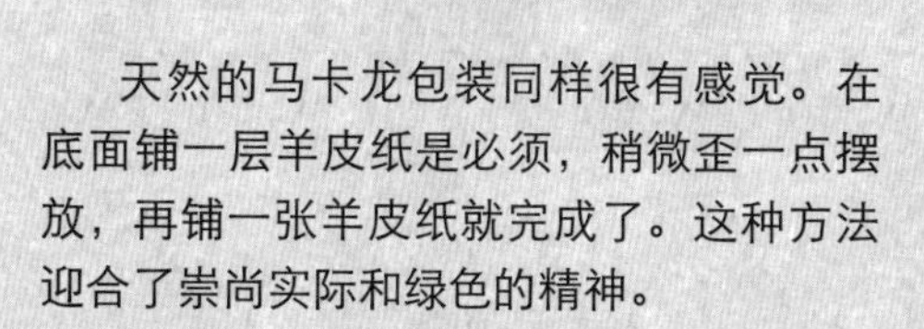

天然的马卡龙包装同样很有感觉。在底面铺一层羊皮纸是必须，稍微歪一点摆放，再铺一张羊皮纸就完成了。这种方法迎合了崇尚实际和绿色的精神。

蛋糕

用长蛋糕卷、北欧模具蛋糕或装饰漂亮的纸杯蛋糕做礼物时，比独特的包装技巧更重要的是蛋糕的包装外形，纸杯蛋糕使用纸杯蛋糕盒，一般蛋糕从最小型到最大号要分别使用不同的市场蛋糕盒。有固定移动间隔板的纸杯蛋糕盒可以轻松解决那些容易溅出来的甜点。稍微用点心去寻找或者是上网搜索一下，就会发现很多与众不同的漂亮盒子。如果那些都不称心，可以自己在家中做出合适的蛋糕盒。只要你有熟练运用绘图刀的能力，就不愁做不出令人羡慕的蛋糕盒。

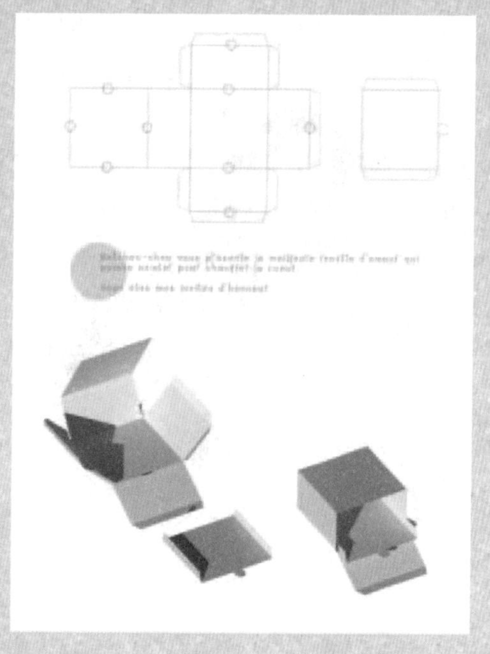

面包

比起小巧漂亮的糕点和饼干，想要将面包包装得大方得体不是一件容易的事。因为大小不确定，而且只顾及外形的话又容易搞糟。如果在经常将面包作为搭配食物的法国糕点店买面包，无论怎么想，最后都是简单地用张纸包着面包就出来了。因为面包是主食，所以不会放太久，一两天就吃了。当然，为了防止面包与空气接触会包一层羊皮纸。如果用塑料纸包装含有黄油和白沙糖的甜味面包，时间长了会发潮。一般来说，面包的袋口会用设计的领结装饰，这也很漂亮。可是面包作为主食，应根据本身的样子包装。法式长棍面包和直接放入模具烘烤出来的健康面包可以直接放入羊皮纸袋，只是用丝带做一个漂亮的结尾。但是用羊皮纸保存的话，必须在 2 天之内吃掉。

标记，贴纸

将自己经过用心制作，黏贴，捆绑后制成的盒子展现出来时的那种喜悦就像是人们为了包装才做饼干一样。即使不是一定要拿 A+ 才能得奖学金，也不是要开个连锁销售才能引起轰动的满足感，这样的成就感也让人激动。因为这是唯一一个我做的包含着爱的礼物盒。就算大家都不理解，只要自己心情高兴就好。能增添这份愉悦的就是看到自己亲手做的小标记。就算不会做幻灯片、插图、图像也没关系，只要能找到漂亮的字体，做标记也不是一件很难的事情。输入想说的话，然后输出在钢板纸上就 OK 了。整整齐齐地剪下印刷出来的漂亮小图案，用绳子穿好挂起来，你就会觉得做小标记也不过如此。虽然挂就挂了，不挂也可以，但是那种像获得奖学金一样喜悦，没有做过的人是体会不到的。

套装

虽然没有人说什么，但是一个晚上都在被脑海中的一个念头缠绕着，想将自己亲手做好的礼物送给某人，看到自己亲手做的饼干、松饼和蛋糕，心里就会美滋滋的。虽然决定好了要用礼物套装，但是用什么样的盒子，装什么，装多少，装饰成什么样子，第一次接触的我对这些一点头绪都没有。首先要决定整体是横向排列，还是纵向排列，真复杂！做完标记后，将出炉的饼干在种类和数量上做一下对比，然后将盒子分成 2~6 个部分，再决定每部分的饼干是个别包装还是组合包装。注意一定要放入合适的包装用纸。为了做出漂亮的包装，最好知道几个有益的包装网站和 2~3 个有关包装的卖场。

盒

在家中，做饼干礼物时，除了注重美味，最需要用心的部分就是能一下子抓住人们眼球的漂亮包装。“天哪！这是你做的？”一想到收到礼物的人会说这句话，那些磨蹭的时间有时就会比甜蜜的恋爱更有意思。事实上，这也是我喜欢做糕点的理由之一。如此说，我们国家那些喜欢家庭烘焙的人们该兴奋了。卓越的糕点技术是法国引以为傲的地方，同样，可爱漂亮的包装材料也使法国的名气响当当。我逛了逛普通的市场，又在网上商店逛了一圈，选取了一些不错的材料。下面再介绍几种基本的包装方法，以便你能够做出更漂亮更奇妙的糕点包装盒。

给糕点找到合适的盒子和与盒子相配的彩带、丝带、纸线、胶带等标记很重要。先考虑好盒子和彩带的颜色、材料、适合的场所和氛围后再着手准备，然后决定系的方法，标记和小贴纸选用。

要根据送礼物的不同时期制作与其相符的包装。圣诞节就选择温暖的材料和颜色，为爱人准备的礼物就使用彩色系列，这样能创造出浪漫的气氛。

纸浆盒子，因其材料比较适合自然的氛围。使用图章会显得自然得体。稍微歪斜的系法会显得更有魅力。相比较彩带，使用纸线和棉丝带会更质朴。

如果觉得凭自己的能力就算绞尽脑汁也很难做出漂亮的包装，还有一种办法就是使用专业的包装盒。在凸显设计师出众能力的 Ohaco 中，礼盒以组合的形式进行出售，如果觉得飘带、羊皮纸和盒子的组合是接连不断的压力，那么尝试一下专业包装盒也是不错的选择。

饭盒包装。只要在法国糕点店买块状蛋糕，但凡比较正规的地方，都使用这种包装形式。虽然看似没有诚意，但是如果是家庭烘焙就显得相当大方得体了。将松饼或 4 个小型蛋糕作为礼物送人时，这是不错的包装方式。

包装材料选购网址

星野与曲奇饼干 http://www.hosino.co.kr
烘焙学校 http://www.bakingschool.co.kr
家庭烘焙 http://www.ehomebaking.co.kr
OHACO http://www.ohaco.co.kr